铁路科技图书出版基金资助出版

节能环保工程爆破

何广沂　徐凤奎　荆山　刘友平　著

中国铁道出版社

2014年·北京

内 容 简 介

本书主要介绍了作者长达十余年来对"节能环保工程爆破"的研究与应用成果。全书从理论上分析了"节能环保工程爆破技术"解决以往工程爆破存在多年已久的未能充分利用炸药能量和严重污染环境两大难题;用应变测试试验结果证明上述理论分析的正确性和科学性;依次介绍"应用试验"、"推广试点"和大量"实际应用"等三个阶段的研究,用实际爆破效果证明"节能环保工程爆破技术"确实解决了以往工程爆破存在的两大难题,充分显示了"节能环保工程爆破"与以往工程爆破相比具有显著的"节能环保"作用,即充分地利用了炸药能量以及大大降低了爆破的粉尘浓度,保护了环境。

本书可供从事工程爆破的工程技术人员学习节能环保工程爆破技术使用,也可作为大中专院校相关专业的师生参考用书。

图书在版编目(CIP)数据

节能环保工程爆破/何广沂等著. —北京:中国铁道出版社,2007.6(2014.5 重印)
ISBN 978-7-113-07965-9

Ⅰ. 节⋯　Ⅱ. 何⋯　Ⅲ. 爆破技术　Ⅳ. TB41

中国版本图书馆 CIP 数据核字(2007)第 085437 号

书　　名	节能环保工程爆破
作　　者	何广沂　徐凤奎　荆山　刘友平　著
出版发行	中国铁道出版社(100054,北京市西城区右安门西街 8 号)
责任编辑	赵　静
编辑部电话	(市电)010-51873133　(路电)021-73133
封面设计	马　利
印　　刷	中国铁道出版社印刷厂
开　　本	880×1230　1/32　印张:6.5　插页:12　字数:163 千
版　　本	2007 年 6 月第 1 版　2014 年 5 月第 2 次印刷
印　　数	1501～2500 册
书　　号	ISBN 978-7-113-07965-9/TU・881
定　　价	33.00 元

版权所有　侵权必究

凡购买铁道版的图书,如有缺页、倒页、脱页者,请与本社发行部调换。

联系电话:(市电)010-51873659　　(路电)021-73659

网址:http://www.tdpress.com

作者小传

何广沂，天津市人。1959年8月离津就读于中国科学技术大学近代力学系爆炸专业，1964年7月毕业工作至今，时任铁道建筑研究设计院副院长兼院纪委书记。一直从事爆破理论与应用研究，获国家级、省部级科技进步奖多项，取得国家发明专利一项，撰写了五部爆破专著和六项国家级工法；发表论文数十篇，其中有四篇发表在国际爆破会议上；三次出国考察爆破和出席国际爆破会议；2010年5月赴沙特参加轻轨铁路路堑与车站大量石方深孔控制爆破设计与施工。著有报告文学《技高胆大铸辉煌》与《冲刺》，先后于1999年4月和2004年4月分别由天津百花文艺出版社和中国铁道出版社出版。1986年被评为有特殊贡献的中青年国家级专家；1989年被评为教授级高级工程师，同年被评为铁道部劳动模范；1991年享受国务院特殊津贴，并被评为全国施工新技术先进个人和全国优秀科技工作者；1993年获全国"五一"劳动奖章，并作为铁道部唯一代表出席了1994年"五一"庆祝活动的"全国十大杰出职工"和劳模代表大会，受到党和国家领导人接见；1995年被国务院授予全国先进工作者称号，并作为中央国家机关特邀代表出席了2000年全国劳模先进工作者表彰大会。现为中国铁建推广水压爆破技术专家组主要成员，致力于"工程爆破节能环保技术"推广工作。

作 者 小 传

  徐凤奎，辽宁省沈阳人。1967年高中毕业，转年应征入伍，曾任铁道兵第29团作训股技术员、副股长、团参谋长。1984年"兵改工"后，曾任铁道部第十一工程局五处处长、十一局副局长，现任中铁第十一局集团公司副董事长，高级工程师。

  参军后，从师于裘采畴教授，学习了高等数学、理论力学、结构力学和材料力学等。1989至1991年就读于北京经济管理学院。曾参加襄渝、兖石、南昆和宝成等铁路修建。20世纪80年代初，又从师于何广沂教授，学习工程爆破技术，曾主持重庆江北国际机场和珞璜电场大型土石方爆破以及重庆城市拆除控制爆破。近年来，参加了"节能环保工程爆破技术"的研究工作和组织推广。

  获省部级科学进步二、三等奖各1项，中国铁道建筑总公司科学进步一等奖2项。在国内刊物发表论文7篇。

作 者 小 传

荆山,浙江嘉兴人。1984年毕业于石家庄铁道学院,现任中铁十一局集团有限公司副总经理、教授级高工。曾参加京九、内昆、赣龙和宜万等多条铁路的修建,被评为铁道部"优秀项目经理"、全国"工程建设优秀项目经理"。在《中国工程科学》等刊物上发表论文5篇,撰写国家级工法1项,获国家专利1项,获省部级科技进步二等奖2项、三等奖1项。2001年被评为湖北省"优秀共产党员",2002年获得贵州省"五一"劳动奖章。

作者小传

刘友平,1966 年 9 月 8 日出生于山西省洪洞县。1985 年 9 月至 1989 年 7 月,就读于石家庄铁道学院地下工程及隧道工程专业。毕业至今一直从事于隧道工程的施工和管理,现任中铁十七局集团黔桂铁路指挥部指挥长,高级工程师。先后参加了侯(马)月(山)铁路、南(宁)昆(明)铁路、西(安)(安)康铁路、乌鞘岭隧道、黔桂铁路等多条铁路的施工建设。近年参加了"节能环保工程爆破"的推广应用工作。

2004年12月7日,在宜万铁路马鹿箐隧道召开隧道掘进水压爆破推广试点动员会。

2005年1月14日,在溪洛渡水电站对外交通工程大河湾公路隧道召开隧道掘进水压爆破推广试点动员会。

2005年3月2日,在宜万铁路齐岳山隧道召开隧道掘进水压爆破推广试点动员会。

2005年5月14日,在台缙高速公路苍岭隧道召开隧道掘进水压爆破推广试点动员会。

2005年4月7日,在宜万铁路马鹿箐隧道召开了中铁十一局集团全面推广隧道掘进水压爆破现场会。推广人员于隧道口留念。

2005年8月28日,在黔桂铁路定水坝隧道召开中铁十七局集团推广隧道掘进水压爆破现场会。

2005年9月16日,在宜万铁路齐岳山隧道召开了中铁十五局集团全面推广隧道掘进水压爆破现场会。

序

  对于工程爆破而言，爆破岩石数量最多、应用范围最广的当属露天浅孔与深孔爆破和地下掘进爆破。对于这种类型的工程爆破，历来炮眼怕有水，于是炮眼有水时要排除，实在排不干净时，要使用防水炸药。

  作者历经十余年研究开发的"节能环保工程爆破"与以往常规工程爆破相比，根本的区别或进步，就是不但不怕炮眼有水，而且无水时还要往炮眼中注水，利用"水"作"文章"。由于往炮眼中注入了水，对爆破效果产生了质的变化或飞跃，具体表现是提高了炸药能量利用率，提高了施工效率或施工进度，提高了经济效益与社会效益，并且改善了施工环境，保护了施工人员身体健康，即"节能环保工程爆破"与常规工程爆破相比，具有显著的"三提高一保护"作用。

  研究开发的"节能环保工程爆破"，有科学的理论依据，经试验研究和推广试点，成效显著，深受施工人员的青睐。"露天深孔水压爆破"与"隧道掘进和露天浅孔水压爆破"分别于1997年和2002年通过了省部级鉴定，认为该项爆破新技术为国内外首创、具有国际先进水平。

  在上述基础上，我们撰写了《节能环保工程爆破》这本小册子，与同行进行交流，供工程爆破施工人员参考、借鉴。

  本书第一作者何广沂在主持撰写《节能环保工程爆破》之前，从1984年至2000年陆续出版了所谓四部爆破专著，虽写的是他本人研究与实践所取得的成果，有一定的特色，但与即将出版的《节能环保工程爆破》相比，他最为满意的是后者，这是因为"节能环保工程爆破"有很强的生命力和发展的时间与空间，完全符合我国可持续发展的战略方针，必将产生巨大的经济与社会效益。我们尤其看重最后这一点，于是下定决心也充满了信心，非在全国推广"节能环保工程爆破"技术不可。这样的评价客观与否？读者看了这本小册子便会自有结论。

为使读者有一个初步的认识和了解，现扼要介绍这本书的内容和特点。

全书共分五章。

第一章基本理论，叙述了工程爆破现状和研究开发"节能环保工程爆破"的由来；重点介绍"节能环保工程爆破"技术原理和模拟试验，从理论上分析"节能环保工程爆破"的科学性。

第二章试验研究，结合实际爆破进行了试验研究。用试验研究成果进一步验证理论分析的正确性、科学性以及为推广打下基础。

第三章实际应用，于2004年7月"节能环保工程爆破"被评审批准为"建设部2004年科技成果推广项目"之后，便着手进行实际应用。该章着重介绍四个推广试点所取得的成效，从技术、设备、施工方法和施工组织等方面为面向全国推广提供了经验。

第四章设备，主要介绍了实施"节能环保工程爆破"必备的"炮泥机"和"封口机"的工作原理与使用说明。

第五章工法，为面向全国推广"节能环保工程爆破"技术，作者介绍了2005年被评为国家工法的"节能环保工程爆破工法"。

"我国隧道掘进钻爆技术发展综述"作为附录列于书后，更进一步地说明了研究开发"隧道掘进水压爆破技术"的必要性和重要性，以唤起从事隧道钻爆施工人员的重视。

本书显著的特点有三：一是重点突出，写的仅是炮眼与水有关的所谓"水压爆破"，与其说是一本书，倒不如说是一本小册子，或者说写的是一个专题。二是短小精悍，本书充其量仅五章十多万字，堪称"短小"；是否精悍？那只有读者去评价了。三是可操作性强，读者看了这本书后，在实际爆破中就会得心应手，起到立竿见影的效果。

作者在研究、开发、推广"节能环保工程爆破"技术以及撰写这本书的过程中，得到了中国铁道建筑总公司夏国斌、王清明；中国铁路工程总公司李川；中铁十一局集团段昌炎、覃为刚、张丕界、周劲松、李兵；中铁十三局集团王兆友；中铁十五局集团张璠琦、谭振武、肖平涛、宁远思、赵学锋；中铁十七局集团段东明、成育军、刘高飞；中铁二十局集团况勇、冀胜利；中铁二十二局集团王太超；中铁二十四局集团钱寅星；中铁二十五局集团田雄文；太原理工大学李义；中铁西南科学研究院高菊茹等人的大力支持与帮助，表示诚挚的谢意。

最后，衷心感谢铁路科技图书出版基金委员会对本书的出版予以资助。

本书如有错误，请读者批评指正。

作者

2006 年 12 月

目　录

第一章　基本理论 … 1
第一节　工程爆破现状与节能环保工程爆破的研究开发 … 1
第二节　基本理论 … 8
第三节　爆压测试 … 12
第四节　应变测试 … 21

第二章　试验研究 … 28
第一节　露天深孔水压爆破应用试验 … 28
第二节　露天浅孔水压爆破应用试验 … 45
第三节　隧道掘进水压爆破应用试验 … 55

第三章　实际应用 … 65
第一节　隧道掘进水压爆破 … 66
第二节　隧道平行导坑掘进水压爆破 … 96
第三节　隧道掘进光面水压爆破 … 101
第四节　隧道掘进水压爆破净化有害气体 … 109
第五节　铁路既有线扩堑深孔水压爆破 … 114
第六节　高速公路既有线扩堑深孔水压爆破 … 126

第四章　设　备 … 146
第一节　炮泥机 … 146
第二节　封口机 … 151
第三节　工具 … 154

第五章　工　法 … 156
第一节　节能环保工程爆破工法 … 156
第二节　隧道掘进节能环保爆破工法 … 170

附录一　我国隧道掘进钻爆技术发展综述 … 181
附录二　工程爆破节能环保水压爆破新技术在中国诞生推广 … 194

第一章 基 本 理 论

第一节 工程爆破现状与节能环保工程爆破的研究开发

一、工程爆破现状

何谓"工程爆破"？我们对其极为简单的定义是，在工程上凡是用炸药达到一定作用与目的爆破，统称为"工程爆破"。

工程爆破应用范围遍布于露天（地上）、地下和水下。

露天工程爆破的种类十分繁多，有浅孔与深孔爆破、硐室爆破、城市拆除控制爆破、聚能爆破、焊接爆破等，还有原始的药壶爆破。

地下工程爆破的种类比较单一，就是隧道（洞）、巷道掘进爆破和地下库房、隐蔽硐的爆破开挖。

水下工程爆破主要是采取深孔爆破，爆破水底岩石，进行河道疏通或码头修筑；此外还有排淤和岩塞爆破。

工程爆破虽然种类如此之多，但对于不同的部门单位，因施工任务不同而有所侧重，例如铁路、公路是以露天浅孔与深孔爆破和隧道（洞）掘进爆破为主，矿山是以深孔爆破和巷道掘进爆破为主，水电站是以导流硐掘进爆破为主……据统计，对于工程爆破，应用范围最广、爆破岩石数量最多的当属露天浅孔与深孔爆破和隧道（洞）与巷道掘进爆破。但要说明的是，20世纪五六十年代，还盛行硐室爆破，俗称"大爆破"。近些年以来，随着工程爆破不断的进步发展，硐室爆破有被深孔爆破取代的趋势，这是硐室爆破的固有缺陷所致，硐室爆破受地形地质和环境的影响，应用范围受到限制,再者还不能实现机械化施工,此外爆破时的有害效应污染环境影响工程质量,现今不少工程爆破,例如高速公路路堑开挖爆破,机场、电厂(核电站)平整场地爆破,都在设计文件中明文规定不允许实施硐室爆破。

鉴于上述客观事实,该书所指的工程爆破其内涵就是采取人工风枪打眼和钻机钻孔来实现对岩石的爆破。说得更直截了当一些,该书所指的工程爆破仅局限于"炮眼法"爆破。

以往有些媒体报道爆破消息时常以"炮声隆隆、地动山摇、硝烟弥漫天空"等词句来形容爆破壮观的场面。可是随着爆破技术的不断发展和提高,现今再用这样的词句来形容爆破时的情景,就显得不客观、不真实也不准确了。自塑料导爆管非电起爆技术于 20 世纪 70 年代末问世以来,工程爆破起爆技术有了很大变化和提高,现今能设计和实施使每一组炮孔或每一个炮孔按照一定的起爆顺序和一定的间隔时间起爆,可以有效地控制爆破振动效应,把爆破振动降低到最低程度,绝不会引起"地动山摇"了。露天工程爆破由于使用塑料导爆管非电起爆所进行的各种微差起爆方法、加强炮孔回填堵塞以及有关的技术措施的应用,现在爆破时再也不会出现"炮声隆隆"了。露天工程爆破已从"深山老林"迈进了城市。在城市中不论进行的是浅孔还是深孔爆破,都可以实现有效地控制冲击波、有效地控制振动、有效地控制飞石,确保各种建筑设施和车辆行人的安全。

露天工程爆破,即浅孔与深孔爆破变化发展不但表现在进入城市,还由于优化了设计,采取"宽孔距"布置炮孔,改变炮孔装药结构,即间隔装药、分炮孔底部装药与柱状装药等等技术措施,改善了爆破效果,提高了爆破质量,加快了施工进度,增加了经济效益。尽管如此,我们认为直到如今,露天工程爆破的变化发展还没有质的变化与飞跃;我们也企图做到这一点并解决爆破时硝烟灰尘对环境污染的问题。"节能环保工爆破"的研究开发就是为了实现这个目的。

前面述及的地下工程爆破,主要是隧道(洞)与巷道爆破掘进和地下库房爆破开挖,其施工首道程序就是钻爆。

截至目前,对于地下钻爆技术的发展,我们认为有两次质的变化和飞跃,或者说上了两个台阶。

第一个台阶就是变干式打眼为湿式打眼,通俗地讲,就是变打干风枪为水风枪。"干"转变为"湿",大大降低了钻眼时粉尘对硐内环境的污染,彻底改变了施工环境,避免或杜绝了钻爆作业人员因打干风枪而感染的矽肺病,拯救了不少人的生命,保护了作业人员的身体健康。从这一人命关天的大事来看,可以说水风枪代替干风枪起了决定性作用,称为钻爆技术质的飞跃一点也不过分、一点也不夸张。

第二个台阶,20世纪70年代末,塑料导爆管非电起爆代替了传统的火爆和电爆,避免了火爆因处理哑炮和电爆因各种电引起的早爆所造成的人员伤亡,直到如今,硐内钻爆还没有导爆管非电起爆而造成人员伤亡的。而且这项起爆技术易学易掌握,操作简便、准爆率高,避免了因处理火爆哑炮和处理电爆拒爆而耽误施工。

钻爆技术发展过程中的上述两个台阶,都与钻爆作业人员的生命和身体健康息息相关,它所起的作用有目共睹,说它是钻爆技术发展质的变化和飞跃,是无可非议的。尽管如此,钻爆技术发展到今天,仍有不尽如人意的地方和不科学、不先进之处,目前最突出、最盛行、最普遍的就是炮眼无回填堵塞或仅把炸药箱纸壳撕碎浸水后塞入炮眼口。

我们承担了"节能环保工程爆破"这项科技攻关课题后,实地察看了多座正在修建的铁路与公路隧道,注意到施工人员炮眼装完炸药之后不回填堵塞或仅用炸药箱纸壳浸水堵在炮眼口就连接网路起爆。起初我们还以为炮眼无回填堵塞仅是个别隧道钻爆的个别现象,随着逐步深入的调查了解,发现座座隧道都千篇一律炮眼不回填堵塞。为什么呢?原来国内从事隧道钻爆作业的施工人员几乎全是福建平潭人,即便少数来自其他省份的人也仿效平潭人那样干了。隧道爆破掘进炮眼无回填堵塞,经调查了解，据说是有人出国考察带回来的"进口货"。炮眼无回填堵塞并非科学先进的，而是"洋破烂"。"洋破烂"穿在平潭人身上是又紧又牢固，撕破烧毁它还真有一定的难度，并不比攻克"节能环保工程爆破"关键技术容易。

福建平潭人怎么成为全国隧道爆破掘进主力军的以及"洋破烂"穿在他们身上有多么紧多么牢固，本书第一作者何广沂在2004年出版的报告文学《冲刺》一书中有所描述，现抄录如下：

为什么全国座座隧道爆破掘进出现如此一致的炮眼无回填堵塞这一违背科学的做法呢？

其中原因之一，就是几乎所有承担隧道爆破掘进的队伍，都是来自福建省平潭县。

平潭县出隧道爆破掘进人员，如同历史上山东出打铁的、天津宝坻出剃头的一样，并不奇怪。2003年6月，作者有机会去了平潭县，经对社会的了解，才知平潭县出隧道爆破人员的奥秘所在。

平潭县原隶属福清县（现改为县级市——福清市）的一个渔镇，后来才从镇升格为县。平潭县是我国东南沿海的一个岛屿，距我国宝岛台湾省最近，作者没有核实，听说是在台湾岛、海南岛之后是我国第三还是第四大岛，从福清市东南郊乘轮渡过海峡三四十分钟就可以到平潭岛，即平潭县。

平潭县地理环境最大的特点是耕地少海滩多，夏天气候宜人，比福州市要低好几度，海风吹，真是旅游好去处，但目前旅游事业方兴未艾，有待进一步发展。虽打鱼船星罗密布在岛屿四周，但"人多鱼少"，出海打鱼日趋萧条，许多人不得不另找生活出路。不知由谁发起的，也不知由谁带的头，阴差阳错一窝蜂全迷上了隧道爆破这一行当。不但如此，平潭人还在其他省份"招兵买马"，扩大钻爆队伍，以适应形势的需要。

……

"节能环保工程爆破"应用试验选在正修建的渝（重庆）怀（化）铁路歌乐山隧道（重庆市郊）。在2002年3月作者就把应用试验所需的材料和设备备齐并运到了现场。当时歌乐山隧道项目负责人以隧道涌水为由，不同意进行应用试验，让作者等等，可作者等不及了，于是在渝怀铁路重庆市郊铁山坪又找了一座正在修建的隧道，把材料和设备从歌乐山隧道转运到那座隧道。

作者在那座隧道整整待了两个星期，也没搞成应用试验。将在歌乐山隧道进行应用试验之前，那座隧道技术负责人就多次邀请作者到他那去搞应用试验。可作者真到他那去搞应用试验时，不巧他去成都西南交通大学学习，作者只好与隧道钻爆掘进民工负责人队长（平潭人）商谈有关应用试验事宜，作者告诉他，应用试验不需要他多花一分钱、多出一份力，不但如此，还会促进施工进度、节省炸药……作者费尽了口舌死说活说，他才勉强答应，同意搞应用试验。可作者真要进隧道搞试验时，他又以爆破掘进不正常为借口让作者等等再试验，作者信以为真，左等右等等了好几个钻爆循环，再问他时，他还那样说。可作者通过调查了解，隧道爆破掘进始终是正常的。他知道作者掌握了隧道钻爆真实情况后，再没有借口不让作者搞试验，于是告诉作者将在某日某时一定搞试验，请作者务必准时进洞。可作者按他规定的时间进了隧道，炮眼早已装好了炸药，不但没往炮眼中注水，而且也没用专用设备加工成的炮泥回填堵塞，已连好起爆网路，只等"点火"起爆了。这时钻爆工班长（平潭人）一句话气得作者哑口无言，他说："队长根本没交待过我们要搞什么试验，即便交待了我们也不会干"。作者气冲冲地从隧道走出来找到了那位队长，这一回他又推诿地说："从钻爆工（平潭人）到工班长都认为炮眼无回填堵塞是天经地义的，多年都是这么干，还搞什么试验，真是多此一举。"作者不得不给钻爆工和工班长老生常谈做工作解除思想认识顾虑，可他们死活听不进去、死活不答应搞试验，工班长煞有介事地威胁作者说："往炮眼注水又回填堵塞出现哑炮，你负得起责任吗！"作者当时真无能为力，只好"偃旗息鼓"了，不得不又回到了歌乐山隧道。歌乐山隧道钻爆仍是平潭人，作者使尽了各种招数，经几番周折才开场搞试验，在试验过程中他们消极应付，真气死人了……

目前隧道钻爆存在的普遍问题就是炮眼无回填堵塞,这不但浪费炸药、污染硐内环境,而且爆破效果差。要改变这种违背科学的做法,非得下大气力、下真功夫不可。我们研究开发的"节能环保工程爆破"和撰写《节能环保工程爆破》,其目的就是非要改变目前隧道钻爆的不利局面,促使钻爆技术有个质的变化和飞跃。

二、节能环保工程爆破的研究开发

何谓"节能环保工程爆破"?或者说它与以往常规工程爆破有什么差异?

"节能环保工程爆破"与以往常规工程爆破在炮眼设计、参数选择、药量计算和起爆方法等方面完全相同,无任何区别,而根本不同之处仅在炮眼装药结构上。以往工程爆破无论露天浅孔、深孔还是地下掘进开挖爆破,其炮眼怕水,所以炮眼若有水时必须排除干净,如排除不干净还得用防水炸药。而节能环保工程爆破反其道而行之,炮眼是"爱水"的,如若炮眼无水还要往炮眼一定位置处注入一定的水,除注水之外,对地下爆破的炮眼还要用专用设备加工成的炮眼回填堵塞,对露天爆破的炮眼绝不能用土或岩屑回填堵塞,而应用湿土回填堵塞。

往炮眼一定位置上注入一定水并用"炮泥"回填堵塞与以往常规工程爆破炮眼装药结构相比,产生了极好的爆破效果,具体表现为具有显著的"三提高一保护"的作用。

三提高:提高了炸药能量利用率,即节省炸药;提高了施工效率,即加快施工进度;提高了经济与社会效益。

一保护:大大降低粉尘含量对环境的污染,保护了施工人员的身体健康。

"节能环保工程爆破"的问世,并非是我们参阅了国内外有关资料学来的,也不是我们"苦思冥想"、"闭门造车"的产物,而是通过对有关爆破现象与爆破效果的分析引起了灵感,才研究开发出的。

1982年,本书第一作者何广沂参加了在山东省境内修建的兖(州)石(臼所)铁路,曾在鲁南平邑县城郊外莲花山取石场进行深孔爆破,结合实际爆破,研究试验了"宽孔距"和优化炮眼装药结构。

所谓"宽孔距",就是每个炮眼爆破的平面积 a(炮眼间距)$\times b$(炮眼排距)等于定值时,增大孔距 a 而相应缩小排距 b,这样布置炮眼可以扩大炮眼爆破角度,有利于岩石破碎。

优化炮眼装药结构,就是改变把炸药全部装入炮眼底部或间隔装药,优化为分炮眼底部装药和柱状装药,而且炮眼底部尽可能装爆力大、猛度高的炸药。这样可以改变炸药能量分配,有利于岩石破碎。

在取石场实施深孔爆破过程中,有一天下了大雨,已经钻好的炮眼($\phi 170$ mm)全被灌满了雨水,费了好大劲用了好长时间才把炮眼中的雨水排除干净,接着往炮眼装药和用岩屑及土回填堵塞,最后进行起爆网路连接时,忽然发现一个炮眼既没有排水更没装药。为按规定时间准时起爆,对这个有水的炮眼索性不排水了,把炸药套上防水袋直接装入炮眼中,稍微堵了一些岩屑(饱和状态)就起爆了。爆破过程中吓了作者一跳,有几块爆破飞石竟然飞出了警戒线以外,幸亏没出现意外事故。事后分析,可能是那个有水的炮眼造成飞石过远。于是作者做了实际爆破对比试验,试验结果表明,有水的炮眼比起无水炮眼不但飞石较远,而且爆破的岩石比较破碎。真是"风助火势、火助风威"。发现这一现象后,"水"对爆破究竟有什么特殊的作用,这一问题始终在作者脑海中盘旋。

20世纪80年代,本书第一作者何广沂在天津采取水压爆破拆除了许多国防工事、碉堡和人防巷道。工事和碉堡壁厚一两米,中间夹着好几层钢筋,真是"铜墙铁壁",十分坚固。如仅在工事或碉堡里放炸药,要把它炸成粉碎,得需要很多炸药,那在城市中是绝对不允许的,太不安全了。可是把工事或碉堡注满水,只需很少炸药就能把工事或碉堡炸得粉碎,而且可以有效地控制冲击波、飞石和爆破振动效应,安全有可靠保障。这就是水压爆破独具的作用。水压爆破充分说明"水"对爆破有特殊作用,即利用水可以提高炸药能量利用率,或者说达到同样的爆破目的,利用水可以节省炸药。类似工事、碉堡这类容器状的构筑物可以发挥水的特殊作用,再联想到平邑取石场深孔爆破炮眼有水所产生的现象与效果,作者在爆破方面对水的作用产生了极大兴趣和深思,进而意识到炮眼中如若注水不是也可以提高炸药能量利用率、不是也可以改善爆破效果吗?于是作者于1995年立了"露天深孔水压爆破"课题,当年被铁道部批准为部级科技项目,并提供了可观的研究经费。

"露天深孔水压爆破"研究,于1997年通过了部级鉴定,国内知名的专家教授几乎全出席了鉴定会并给予了很客观也很高的评价——"国内外首创"。此后我们并没有固步自封停止不前,于2002年提出了"隧道掘进和城市露天浅孔水压爆破"课题,被中国铁道建筑总公司批准立项并经重庆市科委批准为重庆市科技项目。2004年,"节能环保工程爆破"被建设部评审批准为"建设部2004年科技成果推广项目",该项目列于全国被批准的85项之首;随后又进行了推广试点。在总结分析了理论研究、应用试验、推广试点的基础上,我们撰写了"节能环保工程爆破工法",并于2005年被评为国家级工法;接着撰写了这个小册子——《节能环保工程爆破》。

虽然"节能环保工程爆破"已诞生问世,并逐渐被人们所认识和接受,但在全国普遍推广还有一定的阻力,这主要是人们的思想认识通常需要一段时间来接受新生事物,不过我们坚信通过"节能环保工程爆破工法"、《节能环保工程爆破》这本小册子以及我们的身体力行,"节能环保工程爆破"在全国普遍推广的日子就在明天。

第二节 基 本 理 论

对于从事工程爆破的科技工作者来说,众所周知岩石在炸药爆炸作用下破碎的基本理论。为阐述节能环保工程爆破技术原理,现极其扼要地叙述一下岩石破碎最基本理论。炮眼中的炸药爆炸后，在炮眼围岩中传播着应力波（压缩波），一方面在压缩应力波的作用下产生切向拉应力，另一方面当应力波传到岩石裂隙或岩石自由面上则反射成拉力波。当切向拉应力和反射的拉应力大于岩石的抗拉强度时，岩石便破碎。随着应力波作用之后，紧接着炸药爆炸气体膨胀作用，使已经破裂的岩石进一步破碎。

炮眼中的炸药，从起爆点爆炸开始到炸药爆炸完毕，在炸药中传播的是爆轰波，爆轰波沿炮眼方向传到炮眼的空间（无回填堵塞）或土（用土或岩屑回填堵塞）中称为击波，而击波传到炮眼围岩中又称为应力波。节能环保工程爆破的基本理论就是力图不削弱或最大可能降低击波的能量损失，这是其一，其二是遏止爆炸气体从炮眼口处冲出。下面将分析节能环保工程爆破如何能起到这种作用。

前面已述及，目前隧道爆破掘进其炮眼常采取如图 1-1 所示的无回填堵塞方法，或仅用炸药箱纸壳卷成的纸卷堵塞在炮眼口。

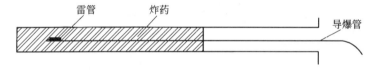

图 1-1　炮眼无回填堵塞

首先分析这种炮眼无回填堵塞存在的问题。图 1-1 所示的药卷一旦被雷管起爆，则在药卷中传播的爆轰波使药卷发生化学反应，使炮眼中所装的所有药卷爆炸完成。往下经极其狭窄的空间，即经炮眼壁与药卷间隙传播的击波几乎无能量损失，或者说击波能量损失极小，可以忽略不计，但是往炮眼口方向传播的击波，因炮眼无回填堵塞而被空气充满，于是压缩空气大大损失了击波能量，因而相应地削弱了在围岩中传播的应力波能量，降低了应力波强度，不利于岩石的破碎，这是炮眼无回填堵塞存在的问题之一。存在的问题之二，就是由于炮眼无回填堵塞，即无阻挡，爆炸气体膨胀从炮眼口处冲出，因而损失了膨胀气体大部分能量，从而削弱了膨胀气体进一步破碎岩石的作用，所以炮眼无回填堵塞不但不能充分利用炸药能量，反而浪费了炸药能量，是很不科学的，也是不可取的。

目前隧道爆破掘进存在的另一弊病就是普遍采用炸药箱纸壳撕碎卷成纸卷浸水后塞进炮眼口，也称其为堵塞。纸卷塞在炮眼口在高温高压击波作用下变成灰烬，根本起不到遏止膨胀气体冲出炮眼口的作用，反而还有副作用，使硐内空气含氧量降低，还会出现有害气体，不利于施工作业人员身体健康。

图1-2所示为露天浅孔或深孔炮眼常采用土或岩屑回填堵塞。土比较松散，也是可压缩的，只不过与空气相比压缩性小，击波在其中传播能量也受损失，比在空气中稍好；采用土回填堵塞，对爆炸气体膨胀向炮眼口冲出虽有一定的遏止作用，但会产生大量灰尘污染环境，尤其采用岩屑回填堵塞污染环境更厉害。所以用没加工过的土或岩屑回填堵塞炮眼也是不可取的。

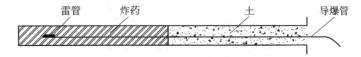

图1-2 用土回填堵塞炮眼

节能环保工程爆破则是往炮眼一定位置首先注入一定量的水，然后用专用设备制作的"炮泥"回填堵塞，对露天浅孔爆破用含一定水和砂的土回填堵塞炮眼，如图1-3所示。由于炮眼中有水，在水中传播的击波对水不可压缩，爆炸能量无损失地经过水传递到炮眼围岩中，这种无能量损失的应力波十分有利于岩石破碎。此外，水在爆炸气体膨胀作用下产生的"水楔"效应有利于岩石进一步破碎，炮眼有水还可以起到雾化降尘的作用；由于炮泥的成分（土与水、砂有一定比例）和加工制作所决定，炮泥比自然土坚实、密度大、比重大、水分大，因而击波在其传播损失的能量比在自然土中传播要小，而且对遏止爆炸气体膨胀冲击炮眼口要

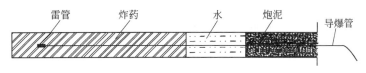

图 1-3 炮眼充水并以炮泥堵塞

比自然土强得多,此外还会降低爆破灰尘对环境的污染,这对城市露天爆破开挖尤为有好处、尤为必要。

综上所述,由于往炮眼中一定位置注入一定水、炸药爆炸在炮眼围岩中传播的应力波要比无回填或用土回填堵塞的强,并产生"水楔"作用与降尘效果;用特制的"炮泥"回填堵塞炮眼要比无回填或用自然土回填更能充分利用爆炸气体膨胀以加强岩石破碎作用,所以这种炮眼装药结构的工程爆破称为"节能环保工程爆破"。

在本节最后要特别指出的是,在理论分析和试验研究中我们仅仅想到在炮眼上半部注水并用炮泥回填堵塞,以达到提高炸药能量利用率、提高施工效率、提高经济效益和保护环境的目的与作用。随着对"节能环保工程爆破"研究与认识的不断深入,才意识领悟到炮眼底部注水的重要作用,于是在第三章实际应用中对炮眼底部注了水,如图 1-4 所示。

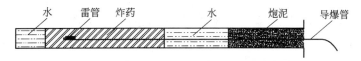

图 1-4 炮眼底部注水装药结构

图 1-3 中炮眼中上部注水与图 1-4 中炮眼底部注水,其作用形式虽不同,但目的是一样的。现简单分析如下:

所谓作用形式不同,是指图 1-3 中的水占据了炮眼无回填堵塞的一部分空间或用土回填堵塞时占据了一部分土的位置,而图 1-4 中炮眼底部的水代替了炮眼底部的部分炸药。

所谓目的一样,是指图 1-3 中的水用来提高炸药能量利用率,而图 1-4 中炮眼底部的水相当炮眼底部部分炸药的作用,其作用比图 1-3 中的水有过之而无不及,更进一步提高了炸药能量利用率。

第三节 爆压测试

一、测试目的

利用测爆压的测试仪器测试体积不耦合装药结构(炸药与炮眼壁无缝隙)的炮孔采取不同回填堵塞材料时在相同深度的黄土(自然土)与水中的爆压值,找出差异,进而说明深孔水压爆破与常规深孔爆破相比,可以提高炸药能量利用率,即节省炸药,证明理论分析的正确性。

要说明的是,所谓"深孔",这是对露天爆破采取钻机钻孔,其炮孔直径为 90 mm 左右或以上而言的;"水压爆破",泛指往炮孔中一定位置注入一定的水;"常规深孔爆破",就是炮孔装药之后剩余的炮孔深度全部用土回填堵塞。

二、测试内容

露天深孔水压爆破在北京密云铁矿矿石开采深孔爆破开采中进行了应用试验,炮孔布置、参数选择、装药计算和起爆方法等仍按原先深孔爆破设计与施工,仅在炮孔装药结构上做了变化,即把原先用岩屑回填堵塞的深度一部分换成了水,另一部分仍用岩屑堵塞,其炮孔有关参数为:

梯段(台阶)高度　　　12.5 m;
炮孔直径　　　　　　250 mm(牙轮钻机钻孔);
炮孔孔深　　　　　　15 m(垂直钻孔);
装药高度　　　　　　7 m(乳化炸药或自制的硝铵炸药);
注水高度　　　　　　3 m;
炮孔回填堵塞长度　　5 m。

以上述参数为依据设计测爆压的混凝土试块和有关参数。

1. 相似条件

(1)堵塞长度 h_1 与炮孔孔径 D 之比值,即 h_1/D 为 20;

(2)装药高度 h_2 与注水高度 h_3 之比值,即 h_2/h_3 为 2.3;
(3)h_2/D 为 28;
(4)h_3/D 为 12。

选用水泥、粗砂、水,按照一定比例混合,现浇成一定强度的水泥砂浆柱体,作为测爆压的试块。

2. 测试内容

在试件的中部预留一个直径 D 为 20 mm 的炮孔,如直径小于 20 mm,硝铵炸药会出现半爆或拒爆。以上述相似条件确定每个炮孔装药量为 175 g(硝铵炸药),其装药高度 h_2 为 0.56 m,然后充水,充水高度 h_3 为 0.24 m,孔口部位黄土堵塞长度 h_1 为 0.4 m,如图 1-5 所示。对于全部水充填或全部黄土堵塞的炮孔,如图 1-6 所示,也在炮孔孔底装药 175 g。

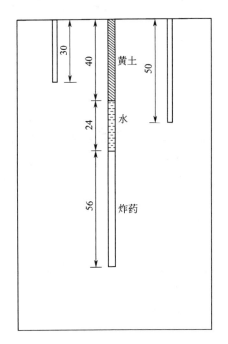

图 1-5 水-土复合封堵炮孔及探头孔(单位:cm)

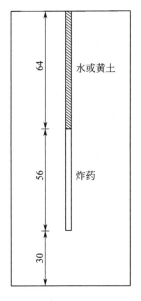

图 1-6 全部水或土回填堵塞炮孔(单位:cm)

在试件每个炮孔两边 28 cm 处预留两个测量爆压的探头孔，直径为 15 mm，如图 1-7 所示，其中一个探头孔孔深为 50 cm，另一个为 30 cm，如图 1-5 所示。

对每种不同充填材料的炮孔各测爆压三次，每次同时测一个炮孔附近两个不同深度的爆压。

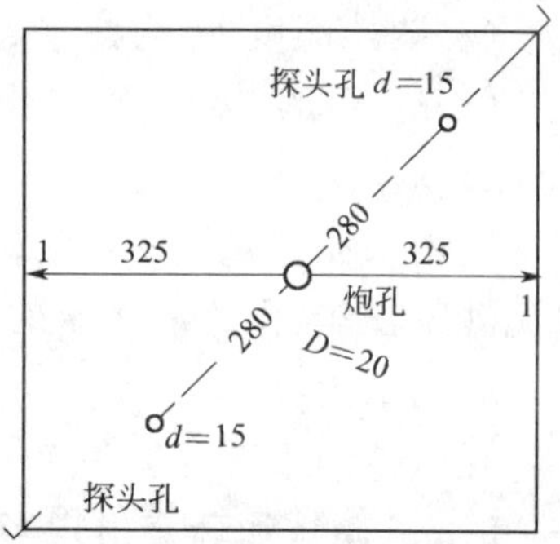

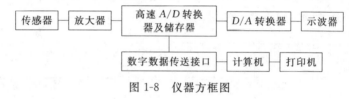

图 1-7　炮孔探头孔平面分布
（单位：mm）

三、测试仪器的布置

所使用的爆压测试系统的仪器方框图如图 1-8 所示。

图 1-8　仪器方框图

四、测试结果

首先要指出的是，原计划对每一种充填方式的炮孔要各测三次爆压，但由于仪器出现的故障以及灌注的混凝土试件数量所限，结果最多重复两次测爆压，而有的仅测量一次爆压，具体爆压测压结果如下。

1. 炮孔全部用水充填深探头孔

炮孔除了底部装药以外，其余炮孔深全部注满水，深探头孔（50 cm）成功地进行了两次爆压测试：

一次是 1997 年 4 月 23 日，时间为 14∶44∶06，转换系数为 9.58 MPa/V，所测得的最大爆压为 4.49 MPa，冲量值为 429.7 单元，能量值为 3 984 单元，爆压图形见图 1-9。

另一次是 1997 年 4 月 23 日，时间为 15∶18∶21，转换系数为 6.14 MPa/V，所测得的最大爆压为 3.84 MPa，冲量值为 502.0 单元，能量值为 6 172 单元，爆压图形见图 1-10。

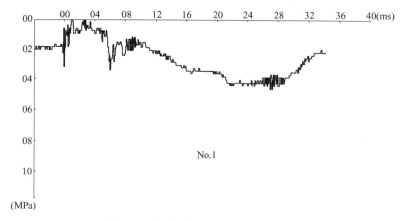

图1-9 炮孔全部充水深探头孔（一）

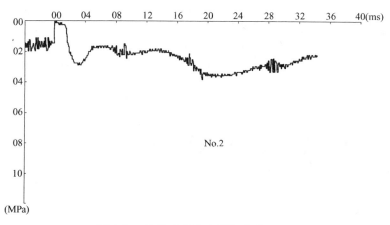

图1-10 炮孔全部充水深探头孔（二）

2. 炮孔全部用水充填浅探头孔

炮孔除了底部装药之外其余孔深全部用水充填,只成功地测得浅探头孔(30 cm)一次爆压。其日期为1997年4月23日,时间为15:16:36,转换系数为8.43 MPa/V,爆压最大值为20.58 MPa,冲量值371.1单元,能量值2 930单元,爆压图形见图1-11。

3. 炮孔全部土回填堵塞深探头孔

炮孔除底部装药外,剩余深度全部回填堵塞黄土,深探头孔

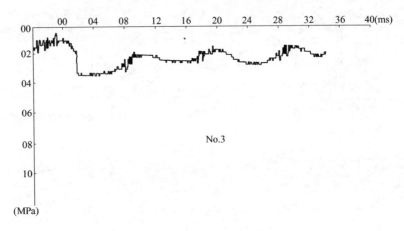

图 1-11 炮眼全部充水浅探头孔

成功地进行了两次爆压测试。

一次是 1997 年 4 月 23 日,时间为 16:04:34,转换系数为 6.94 MPa/V,所测得的最大爆压为 3.93 MPa,冲量值为 148.4 单元,能量值为 840 单元,爆压图形见图 1-12。

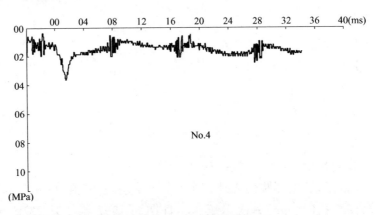

图 1-12 炮孔全部土回填堵塞深探头孔(一)

另一次是 1997 年 4 月 24 日,时间为 9:43:20,转移系数为 6.68 MPa/V,所测得爆压最大值为 3.13 MPa,冲量值为 293 单元,爆压图形见图 1-13。

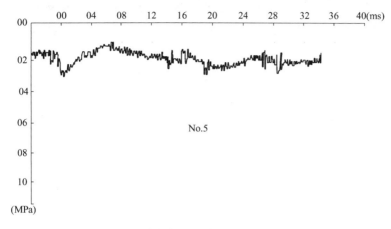

图 1-13　炮孔全部土回填堵塞深探头孔(二)

4. 炮孔全部土回填堵塞浅探头孔

炮孔除底部装药外,剩余深度用黄土回填堵塞,浅探头孔(30 mm)成功地进行了两次爆压测试。

一次是 1997 年 4 月 23 日,时间为 16:05:12,转换系数为 8.73 MPa/V,所测得的爆压最大值为 4.43 MPa,冲量值为 74.2 单元,能量值为 352 单元,爆压图形见图 1-14。

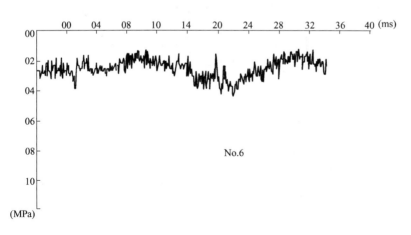

图 1-14　炮孔全部土回填堵塞浅探头孔(一)

另一次是 1997 年 4 月 24 日,时间为 9:44:02,转换系数为 8.41 MPa/V,所测得的爆压最大值为 3.78 MPa,冲量值为 46.9 单元,能量值为 352 单元,爆压图形见图 1-15。

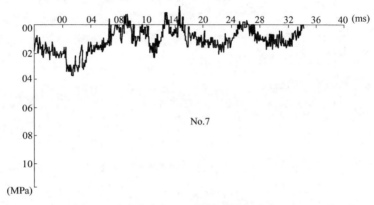

图 1-15 炮孔全部土回填堵塞浅探头孔(二)

5. 炮孔水-土复合封堵深探头孔

炮眼除底部装药外,剩余深度先注水,然后用黄土回填堵塞,深探头孔成功地进行测爆压仅一次。其日期为 1997 年 4 月 24 日,时间为 14:34:06,转换系数为 5.04 MPa/V,所测得的爆压最大值为 12.50 MPa,爆压图形见图 1-16。

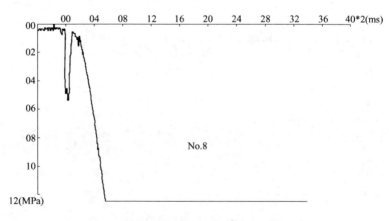

图 1-16 炮孔水-土复合封堵深探头孔

炮孔水-土复合封堵浅探头孔爆压的测试因仪器出了故障以及试件用尽,未测得结果。

五、测试结果分析

1. 实际测试结果其规律性十分显著

由所测得的压力(爆压)-时间曲线($p\text{-}t$曲线)可以看出,炮孔全部用黄土回填堵塞所测得的 $p\text{-}t$ 曲线在较短的时间内就趋于回零,而对炮孔全部充水所测得的 $p\text{-}t$ 曲线,其压力持续时间明显加长,尤其炮孔采取水-土复合封堵的压力持续时间更长,在整个40 ms时间内尚未回复到零线。这就说明在三种不同充填堵塞的条件下,爆破的混凝土试块在测点处其应力状态是完全不同的,即以水-土复合封堵比仅用土回填堵塞更有利于岩石的破碎。

要指出的是,由于混凝土试件属于非均匀介质,必然导致测试结果存在较大的分散性,为适当减小由分散性引入的误差,采取了以下两点措施:

(1)在每次测试中均选取两个测点同时测定,以深探头孔为主测点,以浅探头为监测点。测试结果分析中采用了以深探头孔测点数据为主、以浅探头孔测点数据为辅的方法加以综合考虑。

(2)在数据处理中,采用了数值平均法,以减小非均匀介质影响而造成的分散性。

2. 图1-9和图1-10的 $p\text{-}t$ 曲线有关数据

炮孔全部水充填的深探头孔,从图1-9和图1-10可知,其平均冲量值为465.85单元,平均能量值为5 078单元,而对于炮孔全部黄土回填堵塞,从图1-12和图1-13可知,其平均冲量值仅为104.25单元,平均能量值仅为856.65单元。炮孔全部水充填与炮孔全部黄土堵塞的冲量比 $I_{比}=4.47$,能量比 $E_{比}=5.93$。这就表明炮孔全部水充填要比炮孔全部黄土回填堵塞更能充分利用炸药能量,即利于岩石破碎。

3. 图1-11的 $p\text{-}t$ 曲线有关数据

炮孔全部水充填的浅探头孔,从图1-11可知,其冲量值为

371.1 单元,能量值为 2 930 单元,而对于炮孔全部黄土回填堵塞,从图 1-14 和图 1-15 可知,其平均冲量值仅为 60.55 单元,平均能量值仅为 352 单元。炮孔全部水充填与炮孔全部黄土回填堵塞的冲量比 $I_{比}=6.13$,能量比 $E_{比}=8.32$。这就说明浅探头孔与深探头孔的一致性,进一步证实了炮孔全部水充填比炮孔全部黄土回填回堵更能充分利用炸药能量,有利于岩石破碎。

从 p-t 曲线的波形趋向可以看出,炮孔全部水充填条件下所测得的波形在 40 ms 时间内尚未见明显的回零趋势,这说明实际的冲量值及能量值均远大于实测数据,也说明炮孔全部水充填与炮孔全部黄土回填堵塞的实际冲量比和能量比也都远大于现有的数值。

4. 图 1-16 的 p-t 曲线

从深探头孔对炮孔水-土复合封堵所测得的 p-t 曲线(图 1-16),更进一步证实炮孔水-土复合封堵要比炮孔全部水充填、更比炮孔全部黄土回填堵塞会增强爆破中有效能量的利用,利于岩石破碎。

综上所述,所完成的爆压测试,通过对炮孔采取不同充填或堵塞材料所获得的对比结果,说明了炮孔用水充填比用黄土回填堵塞炮孔会使爆炸能量得到更加充分利用;而炮孔一部分用水充填,接近炮孔口部位用黄土回填堵塞,即炮孔水-土复合封堵,要比单一用水充填炮孔更能充分利用炸药能量,更利于岩石破碎。这就验证了节能环保工程爆破技术原理的正确性。

最后要特别指出的是,无论深探头孔还是浅探头孔,孔中都注满了水,探头所测得的数据并不代表所在位置岩石受的爆压,找到可靠数据还有一定难度,所以说这种测爆压方法仅能定性得出结论,即炮孔水-土复合封堵要比单一全用水充填或全部用土回填堵塞更能有效地利用炸药能量,有利于岩石破碎。

如要做出定量的结论,这种测爆压方法还有待进一步研究分析。

应变测试能获得准确客观的数据,更能说明炮孔只有采取水-土复合封堵才能充分利用炸药能量,即达到同样爆破效果时可以节省炸药。

第四节 应变测试

前面述及,节能环保工程爆破技术原理分析的结果是,炮孔充水后再用炮泥回填堵塞要比仅用土或无回填堵塞的爆破效果好,即提高了炸药能量利用率。如何从模拟试验得到验证,即进行怎样的模拟试验呢?我们首先选择了前面述及的爆压测试,为了更深入更客观更确切地验证节能环保工程爆破技术原理的正确性,经研究分析又选择了模拟试验应变的测试,认为只要测定出不同回填物炮孔四周相同位置的应变大小即可。实践证明,模拟试验应变测试与模拟试验爆压测试相比,从试件的加工制作到测试仪器设备,应变测试要简单些,更为重要的是,测量数据准确可靠,真实反映了客观实际。

一、模拟试验应变测试方案

试验试块采用水泥砂浆制成的试块,其三种成分的比例为水∶砂=1∶2,水∶水泥=1∶2.5。试块尺寸为 300 mm×300 mm×300 mm 的正立方体块,试块上表面中心位置预留 ϕ10×135 mm 的炮孔。

测试采用 BE-1AA 型应变片制成应变砖作为传感器(应变砖材料与试块材料相同),采用 CS2092H 动态数据分析仪及超动态应变仪作为数据采集与分析系统。信号流程图如图 1-17 所示,试验程序如图 1-18 所示。

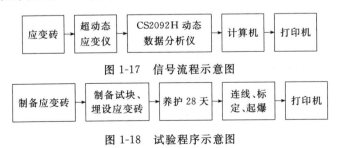

图 1-17　信号流程示意图

图 1-18　试验程序示意图

应变砖分三层埋设在试块中,每层两个应变砖,分别为炮孔的径向和切向,如图 1-19 所示。

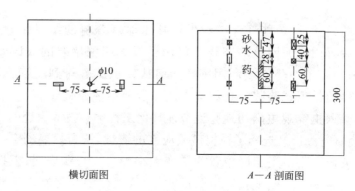

图 1-19 应变砖布置及炮孔装药结构

二、应变测试内容

模拟试验应变测试的内容有以下三部分。

1. 炮孔全部水充填

炮孔除底部装药(实际就是一个 8 号电雷管,下同)外,剩余的炮孔深度全部用水充填。

2. 炮孔全部用细砂回填堵塞

炮孔除底部装药外,剩余的炮孔深度全部回填堵塞细砂。

3. 炮孔水-细砂复合封堵

炮孔除底部装药外,先注入水高为 28 mm,然后用细砂回填堵塞,其长度为 47 mm,如图 1-19 所示。

要特别指出的是,绝不能使炮孔中的水与细砂成混合体,应在炮孔中的水与细砂接触面上采取分开措施。

三、测试结果

模拟试验测试结果为:

炮孔全部水充填,即 1 号试块,爆破时的应变时程曲线见图 1-20。

炮孔全部用细砂回填堵塞时,即 2 号试块,爆破时的应变时程曲线见图 1-21。

炮孔水-细砂复合封堵,即 3 号试块,爆破时的应变时程曲线见图 1-22。

以上炮孔三种不同装药结构,即在不同炮孔充填条件下各试块同一测点最大应变峰值对比列于表 1-1。

表 1-1 炮孔不同充填条件下同一测点应变值

试件	充填条件	测 点 位 置						备 注
		切向($\mu\varepsilon$)			径向($\mu\varepsilon$)			
		上	中	下	上	中	下	
1	水	4348/1913	4767/2442	4953/3208	2857/2556	5130/2662	5266/3636	最大正应变/最大负应变
2	砂	4048/4048	5847/5388	5264/4974	4233/4269	6523/5969	5378/5691	
3	水-砂	5443/2754	6284/3851	5935/4451	3894/1716	1887/1321	5449/3397	

四、测试结果分析

从图 1-20～图 1-22 和表 1-1 可知,炮孔全部用细砂回填堵塞的切向拉应变(岩石破碎主要作用)要比炮孔全部水充填的偏大,这一测试结果与前面述及的爆压测试相悖,有待进一步分析;炮孔水-细砂复合封堵其切向拉应变要比炮孔全部用细砂回填堵塞的大,从岩石爆破破碎机理分析,这十分有利于岩石破碎。这就表明采取不同的模拟试验,即无论是爆压测试还是应变测试,所测得的结果是完全一致的,炮孔水-土复合封堵要比单一的土或水回填堵塞或充填能提高炸药能量利用率,即达到同样爆破效果时可节省炸药。

模拟试验应变测试,解释了实际爆破中的炮孔水-土复合封堵,或简称水压爆破,能提高炮眼利用率、避免石坎的出现且岩石破碎均匀及大块率低的原因——切向拉应变增大的结果。从

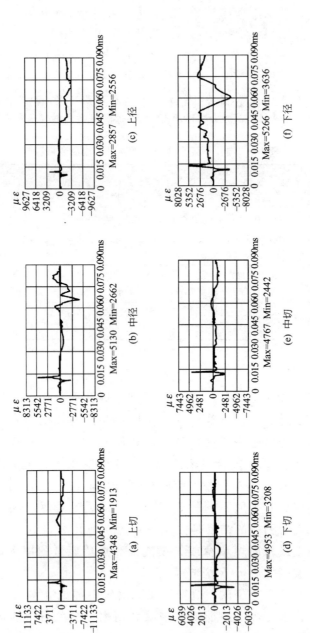

图 1-20　1 号试块炮孔全部水充填应变时程曲线

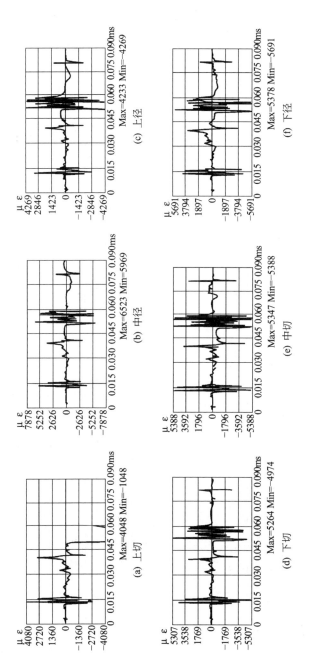

图 1-21 2 号试块炮孔全部细砂回填堵塞应变时程曲线

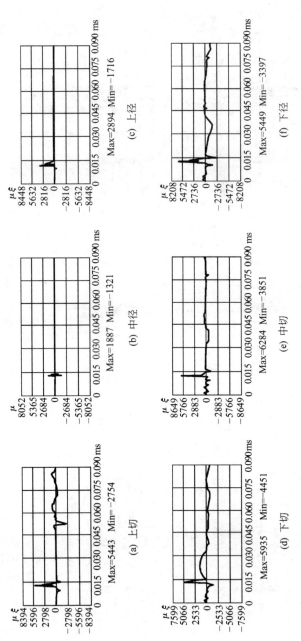

图 1-22 3 号试块炮孔水-细砂复合封堵的应变时程曲线

表 1-1 计算可知，在同样装药量的前提下，同是炮孔装药部位（炮孔底部），炮孔水-土复合封堵要比炮孔全部用土回填堵塞切向拉应力增大 13%，这就是有利于提高炮眼利用率或不出现石坎的原因所在；同时炮孔中部和上部，炮孔水-土复合封堵要比炮孔全部用土回填堵塞的切向拉应变分别增大 7% 和 34%，这就是水压爆破为什么能提高岩石破碎度、降低大块率的原因所在。

　　模拟试验爆压的测试和模拟试验应变的测试，都有力地说明了节能环保工程爆破技术原理的科学性和正确性。

第二章 试验研究

节能环保工程水压爆破的研究与应用分三个阶段进行，即基本理论阶段、试验研究阶段和推广应用阶段。

试验研究的主要内容是通过现场实际爆破，研究不同炮眼直径、不同炮眼深度（梯段高）、不同装药结构的水压爆破的实际爆破效果。从应用试验中分析得出水压爆破最佳参数时的爆破效果比常规爆破优越所在（常规爆破泛指炮眼不回填堵塞或仅用土或用岩屑回填堵塞）。

"节能环保工程水压爆破"的研究开发是分两个课题进行的：其一是"露天深孔水压爆破"，其二是"隧道掘进和城市露天石方开挖水压爆破"。首先研究开发的是露天深孔水压爆破，故本章叙述的程序依次为"露天深孔水压爆破应用试验"、"露天浅孔水压爆破应用试验"和"隧道掘进水压爆破应用试验"等三节。

第一节 露天深孔水压爆破应用试验

"露天深孔水压爆破"中的"露天"是指地面上；"深孔"是指各种钻机钻孔，其钻孔直径为 90 mm 左右或以上；"水压爆破"是将水充填于药卷与炮孔内壁之间的空隙中或炮孔底部装药最顶层药卷与孔口堵塞物之间，在炸药爆炸后，由水将爆炸压力传递到炮孔内壁上施加作用，达到破碎岩石的目的。

露天深孔水压爆破应用试验，是在与常规爆破（炮眼用土或岩屑回填堵塞，下同）孔网参数、设计计算、起爆方法、起爆技术等相同的条件下进行的，所不同的仅是把一定量的水充填到炮孔中，然后用土或岩屑回填堵塞，其爆破结果能否节省炸药、能节省多少，乃是笔者应用试验露天深孔水压爆破的最终目的。

在进行露天深孔水压爆破应用试验时,为了与常规露天深孔爆破有可比性,对应用试验的技术要求有以下三点规定:

(1) 必须使露天深孔水压爆破与露天常规深孔爆破在同一爆破区域、同次爆破的同等条件下进行爆破效果对比;

(2) 露天深孔水压爆破与露天常规深孔爆破使用同批同样段别的孔内外毫秒非电雷管及同类同批的炸药;

(3) 为了对比露天深孔水压爆破与露天常规深孔爆破孔间、排间微差爆破效果,露天深孔水压爆破应用试验的炮孔为 3～5 排,每排至少 2～5 个炮孔。

应用试验从始至终分以下四个阶段进行。

一、应用试验初始阶段

在露天深孔水压爆破应用试验中采取两种不同的装药结构,一种是体积不耦合装药结构,即药卷直径与炮孔直径几乎相等,水在药卷与孔口堵塞物之间;另一种是孔径不耦合装药结构,即药卷直径小于孔径,孔径与药卷直径比值为不耦合系数,水充满于药卷与孔壁之间的空隙里以及药卷最顶部与孔口堵塞物之间。

因为体积不耦合装药相对孔径不耦合装药比较简单,故露天深孔水压爆破应用试验初始阶段采取的是体积不耦合装药结构,仅改变装药量进行爆破效果对比。从 1991 年 10 月至 1993 年 8 月,分别在浙江绍兴杭甬高速公路工程、陕西铜川三铜公路工程和山东青岛火车站前广场开挖工程中,结合实际深孔爆破做了深孔水压爆破应用试验。在这三个工程中进行了 105 次试验,深孔水压爆破了 2 520 个炮孔。常规深孔爆破与深孔水压爆破对比试验情况见表 2-1。

从表 2-1 可知,在达到同样爆破效果的情况下,露天深孔水压爆破要比露天常规深孔爆破节省炸药 30% 以上。

露天深孔水压爆破应用试验初始阶段,仅是对水压爆破作了尝试,并得出初步结论,即可以节省炸药。有了这一客观结论,作者研究开发露天深孔水压爆破的信心和勇气大大增强了。

表 2-1 变化装药量应用试验

工程地点	爆破时间	爆破类型	孔径(mm)	孔网参数(m×m)	爆破次数	梯段高度(m)	孔数(个)	单孔药量(kg)	单耗(kg/m³)	堵塞长度(m)	充水条件	炸药种类	地质条件
绍兴工程	1991年09月至1992年04月	常规	110	2.5×2.0	35	6.5	2 050	30	0.92	0.5+3注	—	硝铵炸药	石灰岩
		水-土复合封堵					1 450	20	0.62	2.5	孔内积水		
铜川工程	1992年06月至1992年09月	常规	110	3×2.5	20	3.5	680	8	0.3	2.8	—	硝铵炸药	石灰岩
		水-土复合封堵					320	5.5	0.21	2.2	孔内积水		
青岛工程	1992年10月至1993年08月	常规1	100	3.5×3.0	20	6.5	290	15	0.22	4.5	—	乳化炸药	严重风化花岗岩
		水-土复合封堵1					210	10	0.15	2.0	孔内积水		
		常规2	100	3.0×2.5	30	3	460	5	0.22	2.5	—		
		水-土复合封堵2					540	3.5	0.16	2.0	孔内积水		

注:"0.5+3"为"中间间隔堵塞+孔口堵塞"。

二、低梯段中型孔径应用试验

经露天深孔水压爆破应用试验初始阶段尝到甜头后,我们有计划、有系统、有目的地结合现场进行了低梯段、中型孔径的露天深孔水压爆破应用试验。

于1994年6月至8月,在南(宁)昆(明)铁路者新段大起垭工点及者新段老寨工点,做了低梯段(3.1～3.3 m)、中型孔径(炮孔直径为110 mm)的露天深孔水压爆破应用试验。

应用试验有以下五项内容:

(1)改变装药量的应用试验(见表2-2);

(2)单位耗药量为常规深孔爆破的40%～60%及变化孔径不耦合系数K的应用试验(见表2-2);

(3)变化K和堵塞长度的应用试验(见表2-3);

(4)双排延时应用试验,在同一爆区总计96个炮孔,分32排,每排3个炮孔,常规深孔爆破16排,深孔水压爆破16排,96个炮孔内均安放第13段毫秒雷管,孔外每两排用第6段毫秒雷管并联,最后孔外并联的第6段毫秒雷管再串联一起,组成双排间微差起爆,其应用试验情况见表2-3;

(5)排间微差应用试验,在同一爆区总计36个炮孔,分12排,每排3个炮孔,常规深孔爆破6排,深孔水压爆破6排,36个炮孔内均安放第12段毫秒雷管,孔外每排用第8段毫秒雷管并联,最后把孔外并联的第8段毫秒雷管串联在一起,组成排间微差起爆,其应用试验情况见表2-3。

从表2-3中可以看出,应用试验226个炮孔的实际爆破效果可得到:对于低梯段、中型孔径的深孔水压爆破,在达到常规深孔爆破同样爆破效果的前提下,露天深孔水压爆破比常规深孔爆破可节省炸药45%～50%;对于同一装药量,变化不耦合系数(孔径不耦合)、堵塞长度(小变化),从宏观看爆破效果无差异;露天深孔水压爆破采取常规深孔爆破的双排或排间微差,其爆破效果无变化。

通过低梯段、中型孔径的深孔水压爆破应用试验,更进一步

表 2-2 低梯段中型孔径应用试验

工程地点	爆破时间	应用试验内容	爆区名称	孔径(mm)	孔网参数(m×m)	梯段高度(m)	孔数个	单孔药量(kg)	单耗(kg/m³)	堵塞长度(m)	充水条件	炸药种类	地质条件	不耦合系数 K
老寨工点	1994年7月8日	改变装药量试验	常1	110	2×2	3.2	10	5	0.4	2.5	—	乳化炸药	石灰岩	1.294
			水1		2×2	3.3	16	4	0.3	1.8	积存雨水			1.146
			水2		2×2	3.2	13	3	0.23					1.294
			水3		2×2	3.3	10	2.6	0.2					1.146
	1994年7月28日	单耗为常规爆破的 40%~60% 及变化 K 试验	常2		2.5×2.5	3.1	7	8	0.4	2.1	—			1.146
			水4		3.1×3.0	3.2	7	5.4	0.18		外加水			1.294
			水5		3.2×3.1	3.2	7	5.4	0.17					1.146
			水6		2.8×2.3	3.2	9	4.8	0.23	1.8				1.146
			水7		3.1×2.6	3.2	9	4.8	0.19					1.294
			水8		2.8×2.5	3.2	9	4.8	0.21					1.485

表 2-3 低梯段中型孔径应用试验

工程地点	爆破时间	应用试验内容	爆区名称	孔径 (mm)	孔网参数 (m×m)	梯段高度 (m)	孔数 (个)	单孔药量 (kg)	单耗 (kg/m³)	堵塞长度 (m)	充水条件	炸药种类	地质条件	不耦合系数 K
老寨工点	1994年8月1日	变化 K、变化堵塞长度试验	3	110	3.1×2.2	3.2	11	8	0.37	2.1	—	乳化炸药	石灰岩	1.145
			水9		3.6×2.9	3.3	13	5.4	0.18	1.2	积存雨水			1.145
			水10		3.6×2.1	3.3	28	5.4	0.21	1.4	雨水			1.294
			水11		3.0×2.6	3.2	12	4.8	0.19	1.7	外加水			1.145
			水12		3.3×2.4	3.3	14	4.8	0.19	1.6				1.294
			水13		2.7×2.7	3.3	16	4.8	0.20	1.8				1.485
大起坡工点	1994年8月11日	双排微差试验	常4		3.0×2.5	3.2	48	9.8	0.41	2.1	—		白云质灰岩	1.1
			水14		3.0×3.0	3.3	48	6.0	0.21	1.4	外加水			1.294
老寨工点	1994年8月13日	排间微差试验	常5		2.6×2.5	3.2	18	8.4	0.4	2.3	—		石灰岩	1.1
			水15		3.2×2.8	3.2	18	6.0	0.21	1.4	外加或存水			1.146

证实了露天深孔水压爆破要比露天常规深孔爆破节省炸药。这也促使作者下定决心立项进行研究。"露天深孔水压爆破"研究课题,于 1995 年被列为铁道部部级科技开发项目。

三、高梯段大孔径应用试验

"露天深孔水压爆破技术的研究"被批准立项后,我们完全按照研究大纲所列的内容有条不紊地进行应用试验,首先进行的是"高梯段大孔径应用试验"。

1995 年 7 月至 9 月,在北京密云铁矿进行了高梯段(10～12.5 m)、大孔径(250 mm)的露天深孔水压爆破应用试验,前后共进行了 10 次爆破,水压爆破炮孔共计 95 个。利用牙轮钻机垂直钻孔,超钻深为 0.2 倍的梯段高。

十次应用试验分以下四种类型:

(1)体积不耦合装药结构应用试验(见表 2-4);

(2)炮孔体积与孔径不耦合装药结构对比应用试验(见表 2-5);

(3)多排炮孔孔径不耦合装药结构应用试验(见表 2-5);

(4)多排炮孔体积不耦合装药结构应用试验(见表 2-6)。

多排炮孔体积不耦合装药结构一次起爆 45 个炮孔(水压爆破炮孔 12 个)分布如图 2-1 所示。

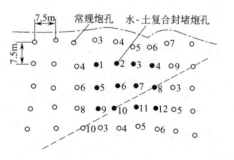

图 2-1 一次起爆 45 个炮孔的水压爆破与常规爆破炮孔分布图

要说明的是,以上四种类型的应用试验,对于常规深孔爆破其炮孔回填堵塞长度 6 m(个别为 6.7 m),而深孔水压爆破炮孔回填堵塞长度为 5 m,炮孔中水柱长为 1 m 加上减少装药量所占的孔深。例如,对于梯段高 12.5 m、体积不耦合系数 K_1=1.36 时,

表 2-4 炮孔体积不耦合装药结构

爆破时间	应用试验内容	爆区名称	孔径 (mm)	孔网参数 (m×m)	梯段高度 (m)	孔数 (个)	单孔药量 (kg)	单耗 (kg/m³)	不耦合系数 (K_1, K_2)	炸药种类	充水方式	堵塞长度 (m)	起爆网路种类	地质条件
1995年7月16日	体积不耦合装药结构	常1	250	14×4	12.5	43	600	0.892	$K_1=1$	乳化	—	6		片麻岩
		水1				3	540	0.803	$K_1=1.19$	乳化	积存水柱	5		混杂磁铁石英岩
		水2				3	510	0.758	$K_1=1.28$	乳化	积存水柱	5		
1995年7月20日	体积不耦合装药结构(装药量为常规外破70%,80%)	常2				35	660,360	0.948,0.521	$K_1=1$	乳化,铵油	—	6.7	梅花布孔	
		水3				5	540,285	0.771,0.407	$K_1=1.36$	乳化,铵油	积存水柱	5	排间微差	
		水4				8	480,255	0.685,0.364	$K_1=1.58$	乳化,铵油	外加水柱	5		
1995年8月3日	体积不耦合装药结构(装药量为常规外破80%,75%)	常3				41	600	0.892	$K_1=1$	乳化	—	6		
		水5				2	480	0.714	$K_1=1.36$	乳化	外加	5		
		水6				3	450	0.670	$K_1=1.46$	乳化	外加水柱	5		

注:①K_1,K_2 分别为采取体积不耦合和孔径不耦合装药结构时的不耦合系数,K_1(K_2)=(孔深-堵塞长度)/装药长度;
②表格中的两种数据分别对应于乳化炸药与铵油炸药。

表 2-5 体积与孔径不耦合装药结构及多排炮孔不耦合装药结构

爆破时间	应用试验内容	爆区名称	孔径 (mm)	孔网参数 (m×m)	梯段高度 (m)	孔数 (个)	单孔药量 (kg)	单耗 (kg/m³)	不耦合系数 (K_1, K_2)	炸药种类	充水方式	堵塞长度 (m)	起爆网路种类	地质条件
1995年8月10日	体积与孔径不耦合装药	常4	250	14×4	12.5	42	600,400	0.857,0.571	$K_1=1$	乳化,铵油	—	6		片麻岩
		水7				3	480	0.686	$K_1=1.36$	乳化	外加水柱	5		混杂岩
		水8				3	315	0.45	$K_2=1.25$	铵油	外加空隙	5		磁铁石英岩
1995年8月13日		常5				36	600,400	0.857,0.571	$K_1=1$	乳化,铵油	—	6	梅花布孔排间微差	
		水9				3	480	0.686	$K_1=1.36$	乳化	外加水柱	5		
		水10				3	315	0.45	$K_2=1.25$	铵油	外加空隙	5		
1995年8月28日	多排孔孔径不耦合装药	常6				36	600,400	0.857,0.571	$K_1=1$	乳化,铵油	—	6		
		水11				9	315	0.45	$K_2=1.25$	铵油	外加空隙	5		

表 2-6 体积与孔径不耦合装药结构及多排炮孔体积不耦合装药结构

应用试验内容	爆区名称	孔径 (mm)	孔网参数 (m×m)	梯段高度 (m)	孔数 (个)	单孔药量 (kg)	单耗 (kg/m³)	不耦合系数 (K_1, K_2)	炸药种类	充水方式	堵塞长度 (m)	起爆网路种类	地质条件
体积与孔径不耦合装药结构	常7	250	7.5×7.5	12.5	40	600,400	0.853,0.568	$K_1=1$	乳化、铵油	—	6	方形布孔斜1起爆	片麻岩
	水12				11	480	0.683	$K_1=1.36$	乳化	外加水柱	5		混杂磁铁石英岩
	水13				3	315	0.448	$K_2=1.25$	铵油	外加空腺	5		
	常8			10	36	480,320	0.853,0.569	$K_1=1$	乳化、铵油	—	6	方形布孔斜2起爆	
	水14				12	385	0.684	$K_1=1.45$	乳化	外加水柱	5		
多排炮孔体积不耦合装药结构	常9			12	29	600,400	0.889,0.593	$K_1=1$	乳化、铵油	—	6	方形布孔斜2起爆	
	水15				12	480	0.711	$K_1=1.45$	乳化	外加水柱	5		
	常10			10	33	480,320	0.853,0.569	$K_1=1$	乳化、铵油	—	6	方形布孔斜2起爆	
	水16				12	385	0.684	$K_1=1.45$	乳化	外加水柱	5		

爆破时间:
- 常7、水12、水13:1995年8月30日
- 常8、水14:1995年9月15日
- 常9、水15:1995年9月19日
- 常10、水16:1995年9月30日

经计算式 K_1 的计算,炮孔中水柱长为 2.65 m。

同一爆区、同一次爆破的深孔水压爆破与常规深孔爆破的渣堆隆起高度均为 2.5～3 m,经清渣发现,底部处于同一深度,都没留坎,爆破的矿石颗粒均为 20～30 cm。

经炮孔体积不耦合装药结构与炮孔孔径不耦合装药结构的应用试验对比,两者爆破效果无差异。

深孔水压爆破,一次起爆多排炮孔与常规深孔爆破一次起爆多排炮孔效果一样。

深孔水压爆破由于炮孔中的水雾化作用,爆破一刹那不再有硝烟腾空升起的景象,见到的仅是飞溅的水花。

由于深孔水压爆破单孔装药量相对常规深孔爆破减少了,因而降低了爆破振动,减轻了爆破后冲效应,保护了矿山边帮的稳定。

密云铁矿常规深孔爆破,炸药综合单耗为 0.25 kg/t,而深孔水压爆破单耗为 0.20 kg/t。对于梯段高 12.5 m,单炮孔负担爆破面积仅以 50 m^2 计算,单炮孔爆破方量为 625 m^3,按照密云铁矿自己生产的炸药单价为 3 000 元/t,深孔水压爆破每个炮孔所用充水费和水袋费为 25 元计算,则所耗费用为 0.04 元/m^3,矿石比重为 3.3 t/m^3,则每爆破 1 m^3 矿石,深孔水压爆破矿石比常规深孔爆破可节省费用为 18.4%;密云铁矿每年生产量为 600 万 t,如采取深孔水压爆破开采矿石,每年可节省费用 83 万元。全国不知有多少像密云这样的矿山,如采取深孔水压爆破,其节省的费用相当可观了。

四、多梯段中型孔径深孔水压爆破应用试验

"多梯段",是指中、高和超高梯段。对于钻孔直径为 100 mm 的,梯段高 5～10 m,为中梯段;梯段高 10～15 m,为高梯度;梯段高 15 m 以上,为超高梯段。

1996 年 8 月至 9 月,在湖北五峰锁金山电站大坝基础开挖爆破中,对中、高和超高梯段进行了深孔水压爆破应用试验。

大坝坝址自然坡度陡,大坝基础开挖落差大。为了便于清

表 2-7 多梯段中型孔径应用试验

爆破时间	应用试验内容	爆区名称	孔径 (mm)	孔网参数 (m×m)	梯段高度 (m)	孔数 (个)	单耗 (kg/m³)	充水条件	水柱长度 (m)	堵塞长度 (m)	炸药种类	地质条件
1996年8月24日	中高梯段体积不耦合装药结构	常2	100	2×2	2.5~13	51	0.7~0.9	—	0	2.5	乳化炸药	石灰岩
		水2			2.5~10	5	0.5	外加	0.8~4	1.5~2		
		水3			4.5~6.5	5	0.55	外加	1.6~2			
		水4			5.5~12	7	0.55	外加	1.8~5.5			
1996年9月21日	超高梯段体积不耦合装药结构	常3	100	2.5×2	2.5~12	84	0.5~0.8	—	0	2.5~3		
		水5			3~11	46	0.5	外加	1.5~6	1~2.0		
1996年9月23日		常4			2.5~24	165	0.9	—	0	2.5~3		
		水6			2.5~22	35	0.6	外加	1~12	0.8~2		

渣,炮孔深度设计采取"一杆打到底"的方法,即采取中、高和超高梯段常规深孔爆破与深孔水压爆破对比的应用试验,共进行了 4 次,使用深孔水压爆破炮孔 98 个,炮孔采取体积不耦合装药结构,试验参数见表 2-7。对于超高梯段的深孔水压爆破,采取"循环段"式体积不耦合装药结构,即在炮孔中装一段乳化炸药,相邻一段用水充填于塑料袋(长 80～150 cm,直径 80～90 mm)中,以 8 m 深为一循环段,5.4 m 为炸药高度,为 2.6 m 充填水高度,如图 2-2 所示。

从表 2-7 中可知,对于中、高和超高梯段中型孔径的深孔水压爆破应用试验,与常规深孔爆破相比,达到同样的爆破时,可节省炸药 30%～35%。

综上所述,从以上四个阶段六个工点的深孔水压爆破应用试验可以看出,对于不同的地质、不同的梯段高度、不同的钻孔直径、不同的装药结构、不同的炸药品种、不同的封堵形式以及不同的回填堵塞长度等进行了广泛大量的应用试验,使用深孔水压爆破炮孔 2 942 个,累计爆破石方 15 万 m³。客观地讲,应用试验是比较全面、系统、深入的,因而所取得的成果和各种数据是有实际意义和推广价值的。

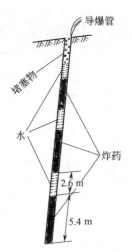

图 2-2 超高梯段"循环段"装药结构

五、露天深孔水压爆破施工工艺

露天深孔水压爆破除了在装药结构、往炮孔中注水和回填堵塞等三方面施工工艺与常规深孔爆破不同外,其余相同。

下面分三种情况介绍露天深孔水压爆破施工工艺。

1. 有水炮孔

对于有水炮孔,可将抗水炸药(常用乳化炸药)或经防水处理(常用塑料袋包装防水)的非抗水炸药(硝铵炸药),按设计计算的药量装入炮孔底部。一般采取体积不耦合装药结构,但对于大孔径的炮孔,也可采取孔径不耦合装药结构。无论是炮孔体积或孔径不耦合装药结构,当装完药后,如炮孔中水位高超过需堵塞位置时,可用一简便的汲水器械将多余的水汲出;如水位不到需堵塞位置,可由外部直接注水或用塑料袋装水充填炮孔到需堵塞位置。要特别指出的是,水与回填堵塞的土或岩屑相接触的位置需一隔离物分开,它的作用是能承受一定量土的重力作用,避免被压垮后土进入水中。这一隔离物的选材可就地选取,固定办法也很简单,例如用草团堵入炮孔中。在隔离物上再用土或岩屑回填堵塞。要特别指出的是,过去是用土或岩屑回填堵塞,现今做了很大的改进,不再用自然的土或岩屑了,而改用含有一定砂和水的"土",这种土的组成成分是土:砂:水$=0.75:0.1:0.15$。这种土对提高炮孔回填堵塞质量和防止爆破时尘土的出现有很好的作用。

2. 无水不漏水炮孔

对于既无水又不漏水的炮孔,可以直接将抗水炸药或用塑料袋装的非抗水炸药按照设计药量装入炮孔底部,然后向炮孔中注水到需堵塞位置,随后放入隔离物,最后用一定组分的土回填堵塞;也可以把非防水炸药不经防水处理直接装入炮孔底部,但要用塑料袋装水放入炮孔中,最后用一定组分的土回填堵塞。

3. 无水而漏水炮孔

对于无水而漏水的炮孔,首先将非抗水炸药按照设计药量装入炮孔底部,然后在塑料袋(袋径略小于钻孔直径)中充满水封好口放入炮孔中需堵塞位置,放与不放隔离物均可,最后用一定组分的土回填堵塞炮孔。

六、露天深孔水压爆破应用试验分析

露天深孔水压爆破技术经多年的研究和四个阶段的应用试验,经分析总结,有以下八方面的认识体会。

1. 露天石方深孔爆破技术发展的突破

多年来,铁路部门乃至国内外爆破界对露天石方深孔爆破技术的研究侧重于对设计、药量计算、起爆方法与起爆技术、施工工

艺等几方面,做了大量工作,也取得了显著成绩。但对露天石方深孔爆破技术的研究如果从"标"与"本"划分,上述几方面的研究,笔者主观地认为属于"标",而露天石方深孔水压爆破技术的研究突破创新点是往炮孔中注入水,以水为媒介,充分利用炸药爆炸能量,从而达到节省炸药和提高经济效益的目的,对于这方面的研究,笔者自诩属于"本",是研究的质的变化和飞跃,所以说露天石方深孔水压爆破技术的研究与应用成功,是对露天常规深孔爆破技术发展的突破创新。

2. 改善了岩石破碎效果

采取深孔水压爆破,由于水与土复合封堵比单一的用水或土封堵更能有效地抑制爆炸气体膨胀,使其进一步破碎岩石,所以炮孔底部不但不留石坎,而且清渣后发现高程还略低于设计高程。

由于水注入炮孔中,虽然孔口部位堵塞长度缩短了 15% ~ 30%,但堵塞物与炸药顶部之间的水介质将爆炸压力无损地传递到炮孔围岩中更利于破碎岩石,再加上水与土复合封堵的作用,故炮孔孔口部位大块比常规爆破明显减少,爆渣颗粒径沿孔深远比常规深孔爆破的小而均匀。

3. 减少超钻深度

爆破清渣后经测量,深孔水压爆破孔底下挖深度一般比常规深孔爆破,深 10% ~ 15%,所以进行深孔水压爆破设计时,超钻深度比常规深孔爆破减小 10% ~ 15%,就可以达到孔底设计标高,这是由于水介质的封堵作用延长了膨胀气体作用时间,造成孔底岩石充分破碎的结果。

4. 提高了爆破安全程度

由于深孔水压爆破比常规深孔爆破减少了炸药量,因此爆破所产生的振动强度相应降低,这就提高了爆破振动安全程度,例如矿山爆破由于降低了爆破振动,结果减轻了爆破后冲效应,保护了矿山边帮的稳定性。

由于水对岩体裂隙的封堵作用,使得爆炸气体不会从裂隙中过早泄漏,因此相对常规爆破而言,爆破飞石少而且近了。

5. 节省炸药

经过大量的实际应用试验可知,在达到同样爆破效果的前提下,露天深孔水压爆破比常规深孔爆破在下述三种不同的情况下节省炸药如下:

(1)低梯段、中型孔径的深孔水压爆破,可节省炸药 45%～50%;

(2)高梯段、大型孔径的深孔水压爆破,可节省炸药 20%～25%;

(3)中、高、超高梯段、中型孔径的深孔水压爆破,可节省炸药 30%～35%。

6. 降低爆破费用

扣除深孔水压爆破塑料袋费和注水人工机械费之外,深孔水压爆破比常规深孔爆破在下述三种不同情况下节省爆破材料费如下:

(1)低梯段、中型孔径应用试验,节省 41%～46%;

(2)高梯段、大型孔径应用试验,节省 18.4%～23%;

(3)中、高、超高梯段、中型孔径应用试验,节省 24.7%～29.7%。

在密云铁矿矿石开采深孔爆破中,采取深孔水压爆破,仅就年产 600 万 t 矿石计算,一年应可以节省爆破材料费近百万元。该矿自制炸药,如果外购炸药,节省费用会更多。

7. 以炮孔体积不耦合装药结构为宜

从装药结构施工难易程度、爆破费用以及爆破效果等综合考虑,露天深孔水压爆破炮孔以体积不耦合装药结构为宜。

8. 易于普及推广

露天深孔水压爆破与常规深孔爆破相比,在设计、药量计算、起爆方法和起爆技术等方面完全相同,仅在装药结构和封堵上有所变化,但不复杂,一看就懂,一干就会,很容易普及推广。

七、结 论

为了从理论上阐明"露天深孔水压爆破"与常规深孔爆破相

比,具而提高炸药能量利用率的作用,在应用试验之后随之进行了本书第一章第三节所提到的模拟试验爆压的测试。爆压测试的结果,从定性方面解释了为什么露天深孔水压爆破与常规深化爆破相比能提高炸药能量利用率。

鉴于"露天深孔水压爆破"有理论依据,而应用试验又取得了显著成果,按照该课题研究计划,1997年6月13日,由铁道部科技司主持,在北京的铁道建筑研究设计院进行了技术鉴定,参加鉴定会的有中国科学院力学所、铁道部科学研究院等10多个单位,鉴定委员12人,其中有2名中国工程院院士、4名中国工程爆破协会副理事长,还有国内知名爆破专家、教授,真可谓名家荟萃。

鉴定认为:

"'露天石方深孔水压爆破技术'改变了以往深孔爆破装药结构,在炮孔中注入水介质加以间隔封堵,提高了炸药有效能量利用率,降低了炸药单耗,取得了良好的爆破效果;实际应用该项技术节省炸药20%以上,具有显著的经济效益和社会效益,可以推广应用;在国内外首次提出的'露天石方深孔水压爆破技术',并在实践中取得了良好的爆破效果,具有创新性和实用性,为国际先进水平。"

本书第一作者何广沂撰写的"露天石方深孔水压爆破技术",于1998年2月8日至11日,在美国路易斯安娜州的新奥尔良市召开的国际第24届炸药与爆破技术年会和国际第14届炸药与爆破研讨会上发表,并选入论文集。

中国工程院汪旭光院士等4人撰写的"国际工程爆破技术发展现状——第24届炸药与爆破技术年会和第14届炸药与爆破研讨会"(《工程爆破》1998年第4期)一文中写到:"何广沂的'露天石方深孔水压爆破技术'的研究、德国Rolf Koenig的'采用达纳电子点火系统的5年实践'、日本Satoru Suzuki等的'遥控起爆系统用于隧道建设的发展'、我国的龚敏等的'用动光弹法研究分析两个柱状装药预裂炮孔之间爆炸的瞬间应力'、南非H.P. Rossmanitb等的'爆速及气体增压对层状岩石破碎的影响的新进展'以及美国Charlez E. Joachim等的'小量(小于100 g TNT

当量)猛炸药水压爆破试验'研究等,通过采用不同的研究方法和选取不同研究角度,使爆破技术在深度和广度上得到进一步发展,为爆破技术在实际生产和建设中得到更好的应用提供了理论基础和实践经验。"

第二节　露天浅孔水压爆破应用试验

在"露天石方深孔水压爆破技术"鉴定会上,有一位专家对爆压测试提出质疑,他认为探头插入小水孔中所测得的爆压不是探头所在位置岩石所受的爆压,要想得到岩石所受的爆压还要经过很复杂的分析计算。鉴定会之后我们走访了有关单位求教,得到的回答是,解决这一难题不但需要很长的时间,而且还需要足够的人力财力。"绝不能一条路跑到黑"。还有没有其他途径阐明"露天石方深孔水压爆破"与常规爆破相比能提高炸药能量利用率呢?经反复研究和调研,终于找到了捷径,即本书第一章第四节所述的应变测试。应变测试所测得的结果令人信服地理解了"露天石方深孔水压爆破"要比常规深孔爆破提高了炸药能量利用率。通过爆压与应变的测试,使我们更进一步认识到,进行课题研究时,决不能把简单问题复杂化,否则事倍功半。

应变测试得到了理想结果后,我们对"露天石方深孔水压爆破技术"研究更拓宽了,自然而然地想到对露天浅孔爆破和隧道掘进爆破也应该开发成水压爆破。于是提出了选题"隧道掘进和城市露天开挖水压爆破技术",并上报中国铁道建筑总公司和重庆市科委,2002 年被批准立项。

要说明的是,"城市露天开挖水压爆破"泛指"浅孔水压爆破"。

对"隧道掘进和城市露天开挖水压爆破技术"的研究,首先进行的是露天浅孔水压爆破应用试验。现将城市露天浅孔水压爆破应用试验叙述如下。

一、前　　言

城市闹市区露天爆破作业,处在人口稠密、车流密度大的交通干道地区,地理位置和环境非常复杂。爆破作业产生的噪声、飞石、粉尘、振动等对周边社区和居民的影响和危害非常大,稍有不慎,其后果不堪设想。常规爆破法已严重不适应现代文明社会的要求。由中铁十一局集团五公司承建施工的重庆轻轨较新线一期校场口车站及折返线工程,就是一个地处重庆渝中区商业繁华地段的典型工程。其行人车辆川流不息,比比皆是商店、宾馆、写字楼、居民房等,为确保周边社区居民、行人的安全,不影响其正常的社会活动和生活秩序,在施工过程中采用了"露天浅孔水压爆破",改善了常规爆破噪声大、振动大、粉尘多的不足,做到了爆破时有效地控制飞石、噪声、粉尘、振动,达到了保护环境和不扰民的目的,堪称"绿色"爆破,不但如此,除节省炸药外还提高了施工效率。

下面主要就"露天浅孔水压爆破"在校场口车站及折返线工程基坑爆破开挖中的施工方法、施工工艺以及技术经济效果叙述如下。

二、工程概况及爆区环境

1. 工程数量

重庆轻轨校(场口)新(山村)线一期校场口车站及折返线工程,始于渝中区中兴路凯悦宾馆,沿中兴路经校场口街心花园、民权路,终于磁器街口,起讫里程为 DK0+000～DK0+395,全长 395 m,分三大部分即折返段、明挖车站、交换厅。本次露天爆破开挖范围为 DK0+000～DK0+135(即折返线明挖段)和 DK0+175～DK0+395(即明挖车站和交换厅),两段共计 355 m 长,结构均埋入地下,周壁均采取垂直开挖、喷锚支护,部分路段采用钢管桩喷锚支护,开挖宽为 11.7～28.7 m,开挖深度 8.1～17.1 m,共计开挖石方约 10 万 m^3。

2. 地质

该段地形较平坦,表层覆盖土厚 2～3.5 m,往下为砂岩、泥岩,岩体裂隙较发育～不发育,完整性较强,岩性坚硬,无断层,无滑坡。

3. 爆区周围环境

校场口车站及折返线工程,地处重庆市渝中区校场口商业闹市区,行人拥挤,一天 24 h 几乎均有商业活动;车流量大,校场口是渝中区主要城市通道,在车流高峰期,其行驶速度不足 5 km/h,车辆净距不足 3 m,经常出现堵车现象;周边人口稠密、居民密集,是重庆市有名的"黄金地带",许多房屋是年久失修的木结构民房,居民住宅破旧不堪,属应拆除的危房,由于历史和经济等方面的原因未能拆迁;靠线路右侧的小洞天和得意广场为高层建筑,距深基坑边壁近距离仅几米,民生路至小米市段、中恩路段等商业门面距基坑边壁距离不足 2 m。爆区环境复杂,给爆破开挖基坑带来很大困难。

4. 对爆破作业的要求

针对该地区爆破环境的复杂性,为确保安全和正常生活,业主及重庆市有关部门对爆破作业提出如下 5 点要求,必须在爆破施工中切实落实:

(1)爆破施工,尤其起爆时,不能影响附近居民的正常生活和商业、企业的正常营业与作业。

(2)爆破时绝对不能产生飞石,要保障场外行人、车辆的安全;进行交通分流后,不得因爆破而中断交通。

(3)爆破时必须保障附近建筑物的结构安全,爆破产生的爆破震动速度必须控制在 2 cm/s 以内。

(4)爆破时必须保障四周管网线的安全,绝不能把地下排水、给水管震裂或将通讯电缆震坏。

(5)爆破作业所产生的粉尘、有害气体、噪声要有效地控制,减小对环境的污染,确保人员身体健康。

三、常规爆破基本情况

1. 爆破方法

基坑爆破开挖采取浅孔松动控制爆破,爆破要做到使爆破的岩石松动而不飞散。所谓"松动",即机械清方便利;所谓"不飞散",即不允许出现个别飞石。

浅孔松动控制爆破采取分层开挖,其分层厚度(或称梯段高)为 2 m,垂直打眼。

2. 爆破振动速度监测

为保障每次爆破对周围建筑设施的安全,达到业主对振动控制的要求,对爆破振动速度进行监测,使爆破在安全范围之内。

振速监测采用 EXP-3850 振动测试仪、笔记本电脑、891-Ⅱ型检振器。

3. 防飞石措施

为防止个别飞石对行人、车辆的危害,在每次爆破时,除严格控制装药量和加强炮孔回填堵塞外,还要在爆破的岩体表面上覆盖柔性"炮被"。所谓"炮被",就是利用汽车旧外胎加工编制成的,像"被"一样大小,故称"炮被"。其覆盖效果优于多种复合材料,覆盖方便、费用低、耐用,是城市爆破不可多得的覆盖物。

4. 炮孔技术参数的选定

(1)分层深度或梯段高度 $H=2$ m

(2)垂直打眼炮孔深度 $L=1.1H=2.2$ m

(3)最小抵抗线 W 或排距 $b=0.5H=1$ m

(4)炮孔间距 $a=0.6H=1.2$ m

(5)炮孔布置为梅花形,见图 2-3。

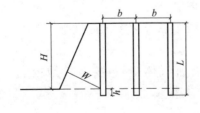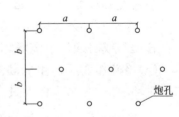

图 2-3 炮孔分布

5. 单孔装药量

每个炮孔装药量采取与爆破体积成正比的计算公式:

$$Q = qabH$$

式中 q 为单位耗药量,对于中风化砂岩、泥岩,q 为 $0.2 \sim 0.35$ kg/m³,本工程经试验 q 取 0.25 kg/m³。

经计算,每孔装药量为 0.6 kg。

炸药直径 32 mm,长 200 mm,每卷 150 g(2 号岩石硝铵炸药),每孔装 4 卷。

6. 装药结构及堵塞

炮孔装药结构为炮孔底部集中装药,即全部 4 卷炸药 0.6 kg 全装在炮孔底部。

炮孔回填堵塞采取现场常规堵塞方法,即使用岩屑或自然土回填堵塞炮孔,逐层捣实堵满为止,如图 2-4 所示。

7. 起爆网路

为了有效地控制爆破振动速度,起爆网路设计为导爆管非电起爆系统"孔外等间隔控制微差起爆",即同一列炮孔均安放同一段别的毫秒雷管,孔外用同一段别的毫秒雷管串联,如图 2-5 所示。这就保

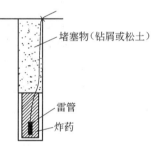

图 2-4 常规爆破炮孔装药及堵塞

证了每个炮孔对爆破振动成单独作用炮孔,使爆破产生的振动波不叠加,这种起爆网路,一次起爆数十上百个炮孔与一次仅起爆一个炮孔,对爆破振动的影响几乎是一样的,严格控制一次起爆药量,实际上就变成了严格控制每个炮孔的装药量。

8. 爆破岩体表面覆盖

爆破岩体表面采用炮被覆盖,炮被搭接宽度不小于 50 cm,并用砂袋压牢。

9. 爆破振动速度

爆破振动速度计算经验公式为

$$v = K \left(\frac{Q^{1/3}}{R} \right)^{\alpha}$$

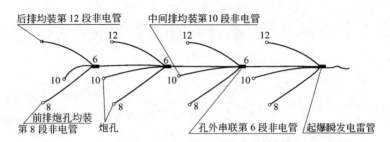

图 2-5 同段别孔外等间隔微差网路

说明：图中标注数字为非电管段别

式中 v——振动速度(cm/s)；

K——反映不同地质、场地条件的系数,该工点 K 取 100；

Q——单个炮孔装药量(kg)；

α——振动衰减指数,本工点 α 取 1.8；

R——测点与炮孔之间距离(m)。

当炮孔距建筑物最近为 7.6m、炮孔装药量为 0.6 kg 时,代入振动速度计算式中可得

$$v=100\left(\frac{0.6^{1/3}}{7.6}\right)^{1.8}=1.91<2 \quad (cm/s)$$

常规爆破按照上述设计计算实施爆破的,其实际爆破效果见第 54 页的表 2-8。

四、浅孔水压爆破试验应用情况

1. 制作炮泥

前面已述及,为了提高炸药能量利用率,露天深孔与浅孔水压爆破与常规深孔与浅孔爆破相比,最大的变化有二：其一是用专用的设备加工制作炮泥代替用自然土或岩屑回填堵塞炮孔；其二是往炮孔中注入一定量的水。

关于往炮孔中注水的工艺后面再介绍,现介绍炮泥加工制作。

(1)炮泥加工制作设备

对于露天深孔与浅孔爆破,虽然用自然土或岩屑回填堵塞炮

孔还存在一些问题,但总比目前隧道爆破炮孔不回填堵塞要好。炮孔不回填堵塞有种种原因,我们认为用土堵费工费时是不回填堵塞的原因之一。有了炮泥机,这个问题就迎刃而解了。

加工制作炮泥的设备是近几年研制成功的 PNJ-1 型炮泥机。炮泥机工作原理、使用说明,将在第四章介绍。

PNJ-1 型炮泥机重 300 kg,外形尺寸 1 362 mm×590 mm×1 293 mm,实际使用这种炮泥机,只需两名普通工人操作,1 h 可加工制作长 200～250 mm、直径 35～40 mm 的炮泥 500～600 个。经实际使用,这种炮泥机是露天浅孔水压爆破和隧道掘进水压爆破不可缺少的专用设备。

(2) 炮泥组分

要特别强调的是,炮泥绝对不是自然的土或岩屑,而是由土、细砂和水等三种成分混合加工制成的。土是主要成分,砂和水是次要成分。细砂的作用是为增加炮泥的重量,而利于抑制爆破气体膨胀冲出炮孔。水是"黏合剂",使土和砂混合后能成形,此外还能起到降尘的作用。三种成分最佳比例为土∶细砂∶水 = 0.75∶0.10∶0.15。要指出的是,砂如过多,炮泥成形较差,容易破裂;水要适中,过少起不到黏合和降尘作用,过多则炮泥过软,堵塞不严实。制作好的炮泥放置时间不宜过长,否则失水变硬起不到降尘作用,最好在使用前 1～2 h 制作好。合格的炮泥,表面光滑,不断裂,用手略微一捏可有指痕。

2. 往炮孔充水

前面已提到水压工程爆破与常规工程爆破相比,最大的变化除上面介绍的炮泥代替自然土或岩屑回填堵塞炮孔,再一个变化就是往炮孔中充水。

如何能把一定量的水充入炮孔中所设计的位置中,使水既不漏、渗出炮孔外,又不浸湿炸药,而且充水又简便、费用又低呢?经研究试验,我们采取的方法是,先把水灌入塑料袋中,然后把装满水的塑料袋(称为水袋)填入炮孔所设计的位置中。塑料袋为常用的聚乙烯塑料制成的,袋厚约为 0.8 mm,直径 35 mm,长

300 mm。水袋加工主要是塑料袋装满水后的封口,在应用试验阶段,我们采取比较原始的方法,人工装水、人工封口。每小时每人可封口 70~80 个,封好口的水袋不够挺拔,只好凑合用。其后到了 2004 年推广应用阶段,我们研制成功了自动灌水、自动封口的封口设备,真是"鸟枪换炮"了,对推广工程水压爆破,尤其是推广隧道掘进节能环保水压爆破,起了极大的促进作用。有关水袋自动灌水、自动封口的封口机工作原理、性能和使用将在第四章中介绍。

3. 炮孔中水袋长与炮泥长的关系

为了充分利用水无损失地传递爆破能量以及与炮泥复合堵塞有效地抑制爆炸气体膨胀冲出炮孔,水袋与炮泥在炮孔中的长度比例值至关重要。为此,对露天深孔尤其对浅孔水压爆破做了深入细致的试验。下面分别介绍炮孔中水袋长大于、等于和小于炮泥长等三种条件下的应用试验。

这三种应用试验是在校场口基坑爆破开挖常规浅孔爆破参数下进行的。

(1) 水袋长大于炮泥长

所谓"水袋长",在这里泛指一个或两个以上水袋总延长。

炮孔装药量为校场口基坑开挖常规浅孔爆破炮孔装药量的 90%,即 0.54 kg,装药长 0.72 m,水袋长 0.8 m,炮泥长 0.68 m。其爆破后的岩石要比常规浅孔爆破破碎,而且有水和炮泥冲出炮孔,俗称"冲炮"。这一效果与现象说明装药量偏大,炮泥还没完全起到"塞子"的作用,于是我们减少了装药量并加长了炮泥堵塞长度,进行了水袋长等于炮泥长的应用试验。

(2) 水袋长等于炮泥长

炮孔装药量为常规浅孔爆破炮孔装药量的 85%,即 0.51 kg,装药长 0.68 m,水袋长 0.76 m,炮泥长 0.76 m。其爆破效果虽比常规浅孔爆破效果稍好,但还是出现了"冲炮",只不过减弱了。经分析认为只有加长炮泥长度才能抑制爆炸气体膨胀冲出炮孔口,于是进行了水袋长小于炮泥长的应用试验。

(3) 水袋长小于炮泥长

炮孔装药量仍为常规浅孔爆破炮孔装药量的85%,水袋长缩短了11 cm,变成了0.65 m;而炮泥加长了11 cm,变成了0.87 m。其爆破效果不但与第二种应用试验相似,而且没有出现"冲炮"。现场技术与施工人员对这样的爆破效果相当满意,照此转入实际应用。

上述三种试验表明,只有水袋长小于炮泥长,即水袋长与炮泥长之比为3/4左右,可充分提高炸药能量利用率,即露天浅孔水压爆破达到常规浅孔爆破效果时,可节省炸药15%以上,此外能有效地抑制"冲炮"。

通过上述三种试验,当炮孔中水袋长与炮泥长之比为3/4时,最能充分利用水无损失地传递爆炸能量而又能有效地抑制爆炸生成的气体膨胀冲出炮孔。我们称"3/4"这个比例为最佳比例,无论对露天深孔与浅孔水压爆破还是对水平打眼的隧道掘进水压爆破,实际爆破效果证明当炮孔中水袋长与炮泥长采取这样的比例均能获得理想的效果,所以说"3/4"这个比例是工程水压爆破的一个重要参数。

五、露天浅孔水压爆破实际应用

校场口基坑实施露天浅孔水压爆破与常规浅孔爆破的梯段高度、炮孔参数、起爆方法和防护措施等一样,所不同的仅是减少装药15%,即每孔装药0.51 kg,炮孔中充水,水袋长0.65 m,用炮泥代替岩屑进行回填堵塞,炮泥长0.9 m。炮孔装药结构见图2-6。

自2002年6月至基坑爆破开挖完,采取浅孔水压爆破共爆破岩石9.5万 m^3,取得了很好的技术效果和显著的经济与社会效益,见表2-8。

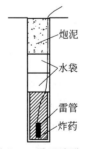

图2-6 露天浅孔水压爆破装药结构

表 2-8　两种爆破方法爆破效果对比表

爆破方法 技术参数	露天常规浅孔爆破	露天浅孔水压爆破
单位耗药量（kg/m³）	0.4	0.34
爆破振动速度（cm/s）	1.1	0.87
粉尘含量（mg/m³）	8.5	0.67
噪声	较大	明显降低
个别飞石	无个别飞石	无个别飞石
岩石破碎程度	岩石较破碎，粒径超过 80 cm 的岩块体积占总爆破量的 30%～45%，挖掘机台班产量 300 m³	岩石很破碎，粒径超过 80 cm 的岩块体积占总爆破量的 15%～25%，挖掘机台班产量 400 m³

从表 2-8 可知，露天浅孔水压爆破与常规浅孔爆破相比，节省炸药 15%，振速下降了 21%，粉尘含量下降了 92%，粉尘量测见表 2-9，噪声明显降低。

表 2-9　露天浅孔爆破粉尘浓度监测记录表

监测日期	测定地点	工种	采取时间（min）	样品（滤膜）编号	采样流量（L/min）	采样前滤膜质量（mg）	采样后滤膜质量（mg）	浓度（mg/m³）
2002.5.23	距起爆中心 6 m	露天常规浅孔爆破	10	1	30	82.15	84.64	8.30
2002.5.24			10	2	30	85.10	87.71	8.70
2002.5.25			10	3	30	83.4	85.95	8.50
2005.6.3	距起爆中心 6m	露天浅孔水压爆破	10	17	30	81.31	81.52	0.70
2005.6.4			10	18	30	84.15	84.35	0.67
2005.6.5			10	19	30	86.11	86.30	0.63

监测者：张银浪　　仪器型号与名称：TH-40 型恒流粉尘采样器

从表 2-8 可知，采取露天浅孔水压爆破后，岩石破碎度提高了，装渣速度也加快了。据统计计算，常规浅孔爆破挖掘机台班产量仅为 300 m³，挖掘机台班费为 1 800 元，折合 1 m³ 装车费为 6 元，而浅孔水压爆破挖掘机台班产量上升到 400 m³，折合 1 m³ 装车费仅为 4.5 元。每 m³ 节省炸药 0.06 kg，炸药每 kg 为 5.5

元,则每 m³ 节省炸药费 0.33 元。水压爆破了 9.5 万 m³,仅装车费和炸药费就节省了 17.4 万元。

从表 2-8 可知,露天浅孔水压爆破为"三无"爆破,即无飞石、无噪声、无灰尘,堪称"绿色爆破"。不过要说明的是,所谓"三无"中的"无",并非数学上的"零",而是对人无刺激、无不适感。

第三节 隧道掘进水压爆破应用试验

渝(重庆)怀(化)铁路歌乐山隧道出口自 2001 年 3 月开工,直至 2002 年 5 月,隧道掘进均采取常规的炮孔无回填堵塞或仅用炸药箱纸壳卷成卷堵入炮孔口的爆破方法,存在着单位耗药量高、炮孔利用率低、爆渣块度大而不均匀、爆渣抛散距离远和硐内粉尘大、有害气体多等弊病。为了提高炸药能量利用率,为了解决上述存在的问题,从 2002 年 6 月开始至 2002 年 12 月 16 日隧道贯通,一直采取水压爆破代替原先的常规爆破(隧道掘进常规爆破泛指炮孔无回填堵塞或用纸壳塞入炮孔口,下同),半年的实际爆破效果表明,隧道掘进水压爆破与隧道掘进常规爆破相比,在炮孔布置、炮孔数量、炮孔深度和起爆网路相同的前提下,降低了单位耗药量,提高了炮孔利用率,缩短了爆渣抛散距离,改善了爆渣块度,减轻了硐内粉尘含量。总之,通过半年时间隧道掘进水压爆破的应用试验,达到了节能环保的目的,表现出显著的"三提高一保护"的作用,即提高了炸药能量利用率(节省炸药)、提高了施工效率(加快了施工进度)、提高了经济效益、保护了环境。

下面主要介绍歌乐山隧道出口隧道掘进水压爆破施工方法、施工工艺以及与隧道掘进常规爆破相比其技术经济效果优越所在。

一、工程概况

1. 设计

渝怀铁路歌乐山隧道位于重庆市郊团结村至井口车站之间,起讫里程为 DK1+560~DK5+610,全长 4 050 m。距隧道出口左侧 25 m 处设平行导坑,起讫里程为 PDK2+990～PDK4+790,全长 1 760 m。隧道纵坡为 5.1‰,隧道出口端为下坡。隧道正碉全隧Ⅲ级围岩长 3 215 m,Ⅳ级围岩长 400 m,Ⅴ级围岩长 435 m。

2. 工程地质

隧道近乎垂直地穿越由观音峡背斜形成的中梁山脉,隧道最大埋深 280 m,基岩出露较好,其中隧道顶可溶岩出露地带地表漏斗、洼地、溶洞、落水洞、溶沟、溶槽等溶蚀现象发育,而且溶水位较高。所经地层为侏罗系新田沟组泥岩夹砂岩,自流井组泥岩夹砂岩及页岩,珍珠冲组泥岩及三叠系须家河组、雷口坡组、嘉陵江组和飞仙关组灰岩,岩性以砂岩、灰岩为主,其次为泥、页岩、煤岩。观音峡背斜与线路近乎垂直相交,核部地层产状近于水平,两翼地形对称,岩层倾角 50°～90°,西翼(进口端)产状陡,局部倒转;东翼(出口端)相对较缓,且渐变明显。构造节理随构造部位不同而有差异,节理间距 0.4～2 m,E-W 向和 S-N 向陡倾节理发育,其中 E-W 向组(即沿隧道纵向)节理贯通性、延伸性较好。

隧道穿越地层集有滑坡、岩溶、采空区、高压涌水等不良地质,其中对施工造成较大困难的是高压涌水。从开挖揭示的情况来看,高压涌水主要集中在隧道的出口方向,仅在隧道出口端就约有长达 500 m 富水段,最高水压 2.2 MPa,单孔(孔径 65 mm)最大出水量 260 m^3/h,堵水帷幕厚度为开挖轮廓外 4～6 m,爆破时必须控制振动对帷幕的扰动影响,防止爆破破坏帷幕,造成突水。

3. 施工概况

隧道采取全断面开挖,按新奥法施工。利用大型扒渣机装渣,电瓶牵引梭式矿车有轨运输出渣。衬砌施工采用衬砌台车泵送混凝土施工。在砂岩地段,为一段的直墙仰拱或曲墙仰拱,开挖面积 50～60 m^2,在灰岩地段,为特殊设计的抗水压断面,开挖面积 56～75 m^2。为了防止在煤系地层施工时引发瓦斯爆炸,所有洞内使用机械设备均启用了防爆型设备。

钻眼使用简易钻孔台车,轨道行走。

在无水的砂岩地段,月掘进 180～210 m。在灰岩地段,由于帷幕注浆的原因,月掘进 60～80 m。在歌乐山隧道出口共掘进 1 781.5 m,其中采取常规的炮孔无堵塞爆破施工 308 个循环,共掘进 1 010.2 延米,自 2002 年 6 月以来,采取炮孔回填堵塞炮泥爆破施工 9 个循环,共掘进 31.2 延米,采取水压爆破施工 200 个循环(隧道贯通)共掘进 740.1 延米。

二、常规爆破钻爆设计与效果

首先要指出的是,对于隧道掘进常规爆破,泛指炮孔无回填堵塞或仅纸壳塞入炮孔口(周边眼常用纸壳塞入炮孔口)。钻爆设计非笔者所设计的。

1. 钻爆设计

歌乐山隧道的地质情况复杂,围岩情况多变,隧道的开挖断面形式较多。因隧道掘进水压爆破主要在高压水贮存的灰岩地段,以典型的 B 型断面为例,开挖断面形状有如鸭蛋形,断面面积为 59.4 m^2。Ⅲ级围岩 B 型断面的常规钻爆设计如下:

采取复式楔形掏槽,全断面炮孔数为 117 个(含光爆周边眼),掘进深度 3.8 m,全断面总计装药量为 248.9 kg。各种炮眼的深度、装药量、装填系数见表 2-10,炮眼分布、起爆顺序见图 2-7。

表 2-10 歌乐山隧道 B 型断面常规爆破参数表

炮眼分类		炮眼个数	炮眼深度(m)	炮眼角度(°)		单孔装药量(kg)	装填系数	小计装药量(kg)
				水平	垂直			
掏槽眼	1 组	18	215	57	90	1.8	0.85	32.4
	2 组	18	358	57	90	3	0.85	54
	3 组	18	439	60	90	3.6	0.82	64.8
辅助眼		19	380	90	90	2.1	0.74	39.9
底板眼		11	385	90	97	2.55	0.88	28.1
周边眼	拱部	17	380	90	90	0.9	0.63(采用间隔装药)	15.3
	边墙	16	380	90	90	0.9		14.4
合计:炮眼共计 117 个;总耗药量 248.9 kg。								

注:为了保证掏槽效果,掏槽眼采用乳化炸药,药卷长 20 cm,重 200 g;周边眼、辅助眼及底眼采用岩石硝铵炸药,药卷长 15 cm,重 150 g。

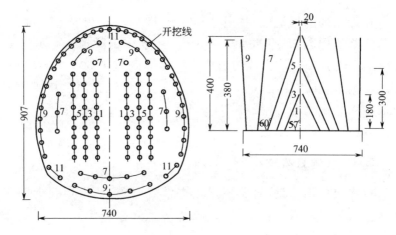

图 2-7 炮孔分布及起爆顺序(单位:cm)
注:图中炮眼旁数字即为雷管段数或起爆顺序。

其他的断面形式和围岩情况,只是在此钻爆设计的基础上,根据断面面积和围岩岩性增或减炮眼数量,调整炮眼分布,掘进深度 3.8 m 不变。

2. 爆破效果

在Ⅲ级围岩(灰岩)地段,掘进深度 3.8 m 实际进尺 3.2～3.5 m,平均进尺 3.36 m,平均爆眼利用率 86.2%。爆破效果见表 2-11。

表 2-11 常规爆破效果表

爆破类型	单位岩石炸药实际消耗量(kg/m^2)	平均炮眼利用率	爆渣块度(cm)/抛距(m)	爆破后粉尘浓度(mg/m^3)	循环时间(min)
常规爆破	1.247	86.2%	80/27.9	16	480

注:本表中的抛距是渣堆的抛距,个别飞石可能较远;
循环时间是指钻孔到出渣完毕的作业时间,不包括初期支护耗时;
粉尘浓度的测点为距掌子面 60 m 处,数据开始采集时间为爆破后 1 min 以内。

三、炮孔用炮泥回填堵塞

在进行水压爆破实际应用之前,对炮孔用炮泥回填堵塞进行了9个钻爆循环的实际爆破。在装药量和炮孔分布、炮孔数量、炮孔深度等与常规爆破一样的前提下,每个循环平均进尺为3.47 m,炮眼利用率为92%。

在同样条件下,炮孔用炮泥回填堵塞与炮孔无回填堵塞或仅用纸壳塞入炮孔口相比,平均每循环多进了0.11 m。可别小看这"0.11 m",一个循环多掘进0.11 m,不要说长大隧道,仅以常见到的2 000～3 000 m中等长度的隧道为例,按炮孔无回填堵塞每循环平均进尺3.40 m(实际为3.36 m)计算,需600～900个循环,采取炮孔用炮泥回填堵塞就多掘进了66～99 m,可以提前一个月至一个半月贯通隧道。多掘进66～99 m,与炮孔无回填堵塞相比,可以说没有花一分钱、没多出一点力,何乐而不为?这一对比结果,向人们,尤其是向隧道掘进炮孔无回填堵塞施工的管理者和作业人员亮出了"黄牌":炮孔无回填堵塞是一种浪费,是不可取的。人们有了这种认识后,对于更优越于炮孔用炮泥回填堵塞的水压爆破,就容易接受了,推广应用也就容易了。

炮孔用炮泥回填堵塞的应用试验,是作者对采取炮孔无回填堵塞的人们扭转认识的一种手段,达到使人们认可和采用"隧道掘进节能环保水压爆破"技术的目的。

四、隧道掘进水压爆破

1. 钻爆设计

水压爆破在炮眼数量、炮眼深度、炮眼分布以及起爆顺序等设计与常规爆破一模一样,仅是在每个炮眼的装药量和装药结构上作了变化,即适当地减少了各个炮眼的装药量,往炮眼中装入水袋,最后用炮泥回填堵塞。水压爆破炮眼参数见表2-12。

2. 炮孔装药结构

炮孔的装药结构从炮孔底部至炮孔口依次为药卷、水袋和炮泥,见图2-8。装药前,先用尺量出炮孔深度,根据实测的炮孔深度计算出装药量及水袋、炮泥的长度后,将炸药、水袋和炮泥按顺序装填入炮孔中。

表 2-12 歌乐山隧道 B 型断面水压爆破炮眼参数

炮眼分类		炮眼个数	炮眼深度(m)	炮眼角度(°)		单孔装药量(kg)	装填系数	小计装药量(kg)
				水平	垂直			
掏槽眼	1组	18	215	57	90	1.6	0.75	28.8
	2组	18	358	57	90	2.8	0.78	50.4
	3组	18	439	60	90	3.4	0.77	61.2
辅助眼		19	380	90	90	1.95	0.68	37.1
底板眼		11	385	90	97	2.4	0.83	26.4
周边眼	拱部	17	380	90	90	0.75	0.53(采用间隔装药)	12.8
	边墙	16	380	90	90	0.75		12
合计:炮眼共计 117 个;总耗药量 228.7 kg。								

注:掏槽眼采用乳化炸药,药卷长 20 cm,重 200 g;周边眼、辅助眼及底眼采用岩石硝铵炸药,药卷长 15 cm,重 150 g。

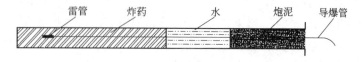

图 2-8 炮孔装药结构

需要说明的是,仅需在试验阶段准确测量每个炮孔的深度,在实际施工时,装填结构参数确定后,就不需要重复此项工作了。

水袋、炮泥在炮孔中长度比例为 3:4。

3. 爆破基本情况

自 2002 年 6 月以来到歌乐山隧道贯通,连续采取水压爆破施工整整 200 个循环,共计掘进了 740.1 m,在Ⅲ级围岩(灰岩)地段,设计掘进深度 3.8 m,每循环实际进尺 3.5~3.8 m,平均每循环进尺为 3.70 m,平均炮眼利用率达 97.4%。爆破效果见表 2-13。

表 2-13　隧道掘进水压爆破效果表

爆破类型	单位岩石炸药实际消耗量 (kg/m³)	平均炮眼利用率	爆渣块度 (cm)/抛距(m)	爆破后粉尘浓度 (mg/m³)	循环时间 (min)
水压爆破	1.041	97.4%	60/21.7	9.2	480

注：本表中的抛距是渣堆的长度，个别飞石较远；循环时间是指打眼开始到出渣完毕的作业时间，不包括初期支护耗时；粉尘浓度的测点位于距掌子面 60 m 处，数据开始采集时间在爆破后 1 min 以内。

4. 技术经济指标分析对比

(1)技术指标

歌乐山隧道出口采取常规爆破掘进时，在正常情况下，从开始打眼到出渣完毕，平均用时 480 min。设计掘进深度(掘进眼深度)3.8 m 时，每循环实际进尺为 3.2～3.5 m，平均每循环进尺为 3.36 m，炮眼利用率仅为 86.2%。每一循环实际用药量为 248.9 kg，实际单位用药量为 1.247 kg/m³。爆破的岩石最大块度为 80 cm，爆堆长 27.9 m。爆破后粉尘浓度平均为 16 mg/m³，见表 2-14。

歌乐山隧道出口采取水压爆破 200 个循环统计，从打风枪开始到出渣完毕，所占用时间与常规爆破所占用的 480 min 相差无几。这是因为打眼与装药、装水袋和回填堵塞炮泥平行作业的结果。

水压爆破每循环平均进尺 3.7 m，炮眼利用率达 97.4%，采取水压爆破 200 个循环实际进尺为 740.1 m，如仍采取常规爆破则需 220 个循环，推迟隧道贯通 10 d。

水压爆破每一循环实际用药量为 228.7 kg，实际单位用药量为 1.041 kg/m³，单耗降低了 16.5%。

水压爆破，爆破后岩石块度最大仅为 60 cm，破碎度提高了；爆堆长仅为 21.7 m，与常规爆破相比缩短了 23%。由于爆渣破碎和爆堆短了，所以装渣比常规爆破快了。

水压爆破，爆破后粉尘浓度为 9.2 mg/m³，与常规爆破相比降低了 42.5%，其量测见表 2-14。

表 2-14 歌乐山隧道爆破后粉尘浓度监测记录表

监测日期	测定地点	工种	采样时间(min)	样品(滤膜)编号	采样流量(L/mg)	采样前滤膜重量(mg)	采样后滤膜重量(mg)	浓度(mg/m³)
2002.5.13	距掌子面60 m	常规爆破	10	1	30	82.34	87.44	17.00
2002.5.14			10	2	30	83.34	88.10	15.87
2002.5.15			10	3	30	82.15	86.69	15.13
2002.6.27			10	9	30	83.15	85.84	8.97
2002.6.28	距掌子面60 m	水压爆破	10	10	30	85.21	88.1	9.64
2002.6.29			10	11	30	86.71	89.4	8.99

监测者:张银浪　仪器型号与名称:TH-40E型恒流粉尘采样器

(2)经济指标

歌乐山隧道采取水压爆破掘进与原先采取炮孔无回填堵塞的常规爆破相比,每循环多掘进了0.34 m,并节省了炸药20.2 kg,仅这两项就节省费用1 141.1元,折合每钻爆1延米可节省308.4元,如把因通风、装渣时间缩短而节省的通风和装渣费以及项目部管理费考虑进去,每延米节省的费用比308.4元更多。

我国铁路隧道近几年每年以200 km的速度增长(据新华社重庆2002年10月22日电,记者朱沼德),如按歌乐山隧道采取水压爆破掘进每延米进尺可节省308.4元计算,就可以节省费用6 000多万元;如按歌乐山隧道采取水压爆破掘进,740.1 m可少钻爆20个循环,那么200 km则可少钻爆5 400个循环,缩短施工时间2 700 d。

综上所述,露天浅孔与深孔水压爆破和隧道掘进水压爆破,即工程水压爆破,通过研究与应用试验表明,具有"三提高一保护"的显著作用,即提高了作药能量利用率、提高了施工效率、提高了经济效益和保护了环境,"节能环保工程爆破"名副其实。"节能环保工程爆破"符合我国可持续发展的战略方针,必将为我国工程爆破的发展作出贡献。

按照"隧道掘进和城市露天开挖水压爆破技术"研究计划,应用试验结束后我们立即撰写了研究报告并申请鉴定。于2002年12月18日,由重庆市科委主持,由重庆大学、太原理工大学、中国科学院力学所和铁道科学研究院等八个单位的院士、研究员、教授和专家等9人组成了鉴定委员会,对"隧道掘进和城市露天开挖水压爆破技术"进行了鉴定。现将鉴定意见原文抄录如下。

《隧道掘进和城市露天开挖水压爆破技术》鉴定意见

2002年12月18日,由重庆市科委组织有关专家(见附件)对中铁十一局集团公司与铁道建筑研究设计院共同完成的《隧道掘进和城市露天开挖水压爆破技术》项目进行了技术鉴定。会议审阅了技术资料,听取了项目完成单位对成果的介绍,进行了认真的讨论,并形成如下鉴定意见:

一、该项目是依据2002年重庆市第6批科技计划项目之二:"提高炸药能量利用率新技术研究"及中国铁道建筑总公司科技研究计划项目合同"隧道掘进水压爆破技术研究"(合同编号G02-17A)执行的。所提供的技术鉴定资料齐全、数据可靠,符合科学技术成果鉴定要求,完成了项目合同的主要内容,达到了预期成果目标。

二、《隧道掘进和城市露天开挖水压爆破技术》采取炮孔充填水袋,并用炮泥回填堵塞,提高了炸药能量利用率,改善了爆破对环境的影响,具有可操作性,实现了浅孔爆破的工艺技术创新。

三、该项技术通过模型和现场试验,总结提出了炮孔中水袋与炮泥长的合理配置。模型试验表明,在同样条件下,与常规爆破相比,炮孔不同部位围岩的切向拉应变增大7%~34%;歌乐山隧道和校场口基坑爆破的工程实践表明,改善了爆破效果,节约炸药分别为16.5%和15%,提高了经济效益。

四、采用该项技术后,由于炮孔中的水在爆炸作用下的雾化降尘作用,隧道工作面粉尘浓度比常规爆破降低42.5%;露天爆破同比降低92%,表明显著降低了爆破对环境的粉尘污染,同时,降低了爆破噪声和振动效应,具有良好的社会效益。

综上所述,该项技术在本领域中已达到国内领先、国际先进水平。建议在隧道爆破、露天浅孔及深孔爆破中推广应用,并对水袋封口设备进一步研究改进;并适时提出相应工法,以利推广应用。

鉴定委员会主任:鲜学福(院士)

鉴定委员会副主任:顾毅成(研究员)

2002年12月18日

第三章 实际应用

我们以往对课题(项目)研究,通常采取"四部曲":一申请立项,二对课题进行理论研究与应用试验,三写研究报告申请鉴定,四报奖。这四部曲"唱完了",就算万事大吉,管它应用推广与否。可是对于"隧道掘进和城市露天开挖水压爆破技术"这个项目,鉴定之后,我们却并没有想去报奖,想的却是如何普遍推广实质问题。因为如果"节能环保工程爆破技术"在国内广泛推广应用了,将会产生巨大的经济与社会效益。在这一思想认识的推动下,我们采取了一系列行动,例如如何把水袋人工封口变成机械封口,我们走访了不少科研单位和塑料加工生产厂,起初预计得花几万元的研制费,没想到"踏破铁鞋无觅处,得来全不费工夫"。偶然的一次机会,在一个塑料加工的一个小作坊中就研制出了水袋自动灌水、自动封口的设备,没花一分钱的研制费。可别小看水袋自动灌水、自动封口的这个不起眼的小设备,它比人工灌水、人工封口快几十倍,而且加工成的水袋既挺拔而又不漏水、不渗水。它为推广"节能环保工程爆破",尤其是推广"隧道掘进水压爆破"扫除了一个障碍,解除了人们对人工封口水袋太慢、太麻烦的顾虑。

虽然水袋加工这个问题彻底解决了,但如何推广"节能环保工程爆破"呢?我们曾经有一个不切合实际的天真想法——请求国家有关部门下一道令,凡是工程爆破都必须采取水压爆破。但应该找国家哪个部门呢?人家会下令吗?正在徘徊之际,中国铁道建筑总公司夏国斌副总经理(兼总公司总工程师)给我们出了个好主意,他说:"要把这项新技术在国内普遍推广,还是向建设部申报'示范工程'为好。"

受此启发,我们于2004年初,以"隧道掘进和石方开挖水压爆破应用技术"为题,向建设部申报了"科技成果推广项目",并于

2004年7月7日获得批准。

在《建设部2004年科技成果项目》说明中写到:"《建设部2004年科技成果推广项目》共计85项,自发布之日起实施,有效期三年。其中,城乡建设技术29项;住宅产业化技术22项;建筑节能技术10项;新型建材与施工技术23项;信息化技术1项。这些推广项目是在全国26个省、自治区、直辖市、计划单列市建设行政主管部门推荐的119项科技成果基础上,经专家委员会评审和我部审查后确定的。"

"隧道掘进和石方开挖水压爆破技术"列85项之首。

按照《建设部2004年科技成果推广项目》的通知精神和要求,我们以"隧道掘进水压爆破"为重点进行了推广试点。

第一节 隧道掘进水压爆破

为使"隧道掘进水压爆破"推广试点具有普遍性、代表性,成为名副其实的"示范工程"或"样板工程",为面向全国广泛推广提供可靠、准确的数据和经验,我们选择了不同单位承建的不同隧道、不同隧道断面、不同地质,进行推广试点"隧道掘进水压爆破"。

不同单位,分别是中铁十一局集团承建的宜(昌)万(州)铁路马鹿箐隧道和金沙江溪洛渡水电站(中国第二大水电站)对外交通工程大河湾公路隧道;中铁十五局集团承建的宜万铁路齐岳山特长大隧道和浙江台(州)金(华)高速公路苍岭隧道。虽然这四座隧道由两个局集团公司承建的,但钻爆队伍清一色是福建平潭人。

不同的隧道,是指两座铁路隧道和两座公路隧道。

不同的隧道断面,是指铁路单线隧道断面约60 m^2,公路隧道断面约80 m^2。

不同的地质结构,是指Ⅰ~Ⅲ级不等的岩石种类,其石质有灰岩、沙岩等。

现将四个推广试点所推广的内容、取得的成效和所总结的经验分述如下。

一、马鹿箐隧道

宜万铁路马鹿箐隧道出口是推广"隧道掘进水压爆破"试点的第一处。推广试点工作组与现场施工人员于 2004 年 12 月 8 日开始投入了推广试点工作。

1. 工程地质概况

马鹿箐隧道全长 7 879 m，出口位于箐口道湾，里程 DK259+152，隧道出口位于曲线半径 3 000 m 的缓和曲线上，曲线里程为 DK259+139.62，其余地段均位于直线上。隧道自进口至出口为连续上坡，纵坡为 15.3‰，坡长 8 250 m。线路左侧 30 m 预留为二线位置，设具有施工地质超前探测、施工通风与排水、开辟工作面及运营期间排水等多功能的贯通平行导坑一座，平行导坑长 7 853 m。隧道开挖高度为 9.71 m，开挖宽 7.22 m。

马鹿箐隧道出口岩层为中厚层灰岩夹薄层灰岩或泥质条带，中厚层鲕状灰岩，中厚层白云岩，隧道围岩岩石力学强度高。层间结合良好，围岩基本分级为Ⅲ级。其中 DK259+080 至出口为Ⅳ级。

地质复杂，有暗河、突水、突泥及岩爆等。

2. 推广试点内容

在马鹿箐隧道出口实施"隧道掘进水压爆破"是第一个试点，为使人们，尤其为使钻爆队伍充分认识到"隧道掘进水压爆破"的优越所在，进行了炮眼五种不同装药结构的实际爆破效果对比。

炮眼五种不同装药结构分别为：

炮眼无回填墙塞，俗称常规爆破；

炮眼用炮泥回填堵塞；

炮眼底水袋与用炮泥回填堵塞；

炮眼用水袋、炮泥回填堵塞；

炮眼底水袋与水袋炮泥回填堵塞。

炮眼五种不同装药结构如图 3-1 所示。

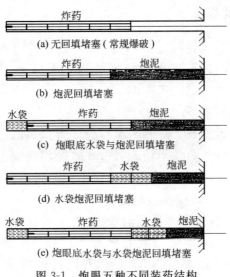

图 3-1　炮眼五种不同装药结构

目前隧道爆破掘进,极其普遍实施的是炮眼无回填堵塞或仅用纸卷塞入炮眼口处,简称常规爆破。为客观指出常规爆破不可取而必须采取水压爆破,推广试点工作组跟踪了常规爆破 4 个循环,其中第二个循环属于例外(爆破效果差),未列入对比。常规爆破炮眼分布见图 3-2(非作者设计)。

在与常规爆破同样条件下,即仍按图 3-2 炮眼分布,炮眼数量、炮眼深度、起爆顺序与间隔时间不变,分别又跟踪了其他四种不同装药结构的各 3 个钻爆循环。

五种不同装药结构所设计的掘进深度均为 3.8 m。五种不同装药结构实际爆破效果对比见表 3-1。

需要指出的是,图 3-2 炮眼分布是根据钻爆工实际打眼而绘制的(下同)。存在的问题是光爆眼距 a 大于光爆层厚 W,合理布置应 a 小于 W。图 3-2 中的"1~12"是起爆顺序。

3. 爆破效果分析

要说明的是,在第二章第三节隧道掘进水压爆破试验中,对

表 3-1 炮眼五种不同装药结构爆破效果对比表

炮眼装药结构	装药量 (kg)	实际单位用药量 (kg/m³)	节约炸药 (%)	实际进尺 (m)	炮眼利用率 (%)	提高进尺 (%)	大块(50 cm以上)降低比例 (%)	爆堆缩短比例 (%)
炮眼无回填堵塞或用纸卷塞入炮眼口（常规法）	204.15	0.95		3.20	84.2			
炮眼炮泥回填堵塞	197.75	0.89	7.5	3.32	87.7	4.1	20	3
炮眼底水袋及炮泥回填堵塞	187.9	0.84	12.6	3.35	88.2	4.7	40	5
炮眼水袋与炮泥复合回填堵塞	185.9	0.81	16.2	3.43	90.4	7.2	70	28
炮眼底水袋及水袋与炮泥复合填堵塞	186.5	0.79	17.0	3.50	92.1	9.4	65	32

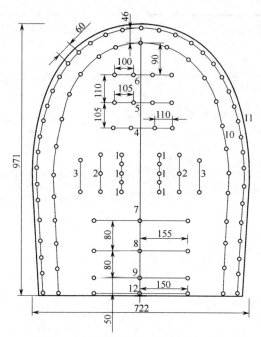

图 3-2 常规爆破炮眼分布(单位:cm)

炮眼三种不同装药结构进行了应用试验,即炮眼无回填堵塞、炮眼用炮泥回填堵塞、炮眼水袋炮泥回填堵塞。

随着对"隧道掘进水压爆破"研究与应用的不断深入和认识的不断提高,我们想到既然水在炮眼的中上部能起到无损失地传递爆炸能量的作用,那么在炮眼底部比中上部封堵更坚实(围岩本身),这样不但无损失传递爆炸能量,而且对抑制爆炸生成气体膨胀作用更强,更有利于岩石破碎,所以在推广试点内容中又增加了炮眼底部水袋以及炮眼底水袋与水袋炮泥回填堵塞两种不同装药结构。

对照图 3-1,从表 3-1 可知,炮眼用炮泥回填堵塞其爆破效果好于炮眼无回填堵塞(常规爆破),而炮眼底水袋及炮泥回填堵塞又好于炮眼单纯用炮泥堵塞;炮眼水袋炮泥回填堵塞好于炮眼底水袋与炮泥回填堵塞,而炮眼底水袋与水袋炮泥回填堵塞又好于炮眼用水袋炮泥回填堵塞。通过试点实际爆破效果对比,对于

"隧道掘进水压爆破"最理想的炮眼装药结构是炮眼底水袋与水袋炮泥回填堵塞。

进行五种不同装药结构实际爆破效果对比,我们的目的还在于使钻爆队伍由浅入深地认识到最理想的装药结构优越于其他四种,在实施水压爆破过程中应按最佳装药结构进行。

从"炮眼五种不同装药结构爆破效果对比表"中可以明显地看出,水压爆破(指最佳的炮眼装药结构,下同)与常规爆破相比,具有显著的"三提高一保护"的作用。

提高了炸药能量利用率,即节省了炸药:在同样炮眼布置、炮眼数量、炮眼深度、起爆顺序与间隙时间和地质等条件下,每钻爆一循环,常规爆破实际用药量为 204.15 kg,而水压爆破仅为 186.5 kg,不但提高了掘进深度,还节省炸药 17.65 kg,实际单位用药量由常规爆破 0.95 kg/m^3 下降到 0.79 kg/m^3,降低了 17%。

提高了施工进度(施工效率):在同样的条件下,每钻爆一循环,常规爆破实际进尺平均仅为 3.20 m,而水压爆破增加到 3.50 m,提高掘进深度 0.30 m,即常规爆破 12 个循环仅相当于水压爆破 11 个循环的进尺;水压爆破与常规爆破相比,大块率降低了 65%,提高了岩石破碎度,爆堆长度缩短了 32%,方便清渣,大大缩短了出渣时间。

提高了经济效益:初步计算,水压爆破与常规爆破相比,每掘进一延米至少节省费用 300 元,按宜万铁路全长 378 km、隧道长占了 58%来计算,采取水压爆破节省的费用非常可观。

所谓"一保护",即改善了施工环境,保护了洞内施工作业人员的身体健康。马鹿箐隧道出口施工人员一致感觉和反映,水压爆破与常规爆破相比,粉尘烟雾有明显的降低。渝怀铁路歌乐山隧道出口采取了水压爆破时仪器实测,粉尘浓度降低了 42.5%,现今炮眼底又有了水袋,粉尘浓度更会降低。

推广试点深受钻爆队伍的欢迎,"隧道掘进水压爆破"势在必行,而常规爆破可以成为历史了。现今马鹿箐隧道出口水压爆破已走向正常施工。

4. 存在的问题

这次推广试点存在的主要问题,一是水袋直径过小,其原因是加工塑料袋的厂家未征求"隧道掘进水压爆破"的主要研究人员的意见而擅自把塑料袋直径加工成 30 mm,与我们要求的 35 mm 相差甚大,否则这次试点效果会更好、更理想;二是水袋封口不够牢固、易渗水。

二、大河湾公路隧道

金沙江溪洛渡水电站(中国第二大水电站)对外交通专用公路大河湾隧道出口是"隧道掘进水压爆破"在公路隧道推广第一个试点。推广试点工作组与现场施工人员于 2005 年 1 月 13 日开始投入了推广试点工作。

1. 工程地质概况

大河湾公路隧道为金沙江溪洛渡水电站对外交通专用公路隧道。该隧道穿越金沙江北岸一山体,起止里程桩号 K1+414～K4+530,全长 3 116 m。

隧道范围内出露的地层主要为第四系全新统坡积块石土,第四系上更新统冲、洪积亚黏土、沙砾、角砾土、碎石土及块石土,第四系上更新统积块土。基岩自山体顶部向下分别为三叠系上统-侏罗系下统砂岩夹页岩;三叠系中统石灰岩夹砂岩;三叠系下统灰岩夹砂岩、砂岩夹泥岩。

隧道掘进水压爆破推广试点地段,岩石以石灰岩为主,夹薄层砂岩,岩层近似水平,设计定为 V 类围岩,开挖断面宽度为 11.68 m,高度为 8.00 m,开挖断面面积为 78.82 m²。

2. 推广试点内容

根据第一个试点,即马鹿箐隧道出口推广试点所总结的经验,在大河湾公路隧道出口推广试点时已把前面所述的炮眼五种不同装药结构浓缩为三种不同装药结构:

炮眼无回填堵塞;

炮眼用水袋炮泥回填堵塞;

炮眼底水袋与水袋炮泥回填堵塞。

这三种不同装药结构见图 3-3。

炮眼底装水袋,是我们的大胆尝试,其爆破效果通过第一个试点还不能充分说明问题,还需进一步比较,所以推广试点内容中还保留了炮眼水袋炮泥回填堵塞,其目的是为了实际爆破效果对比。

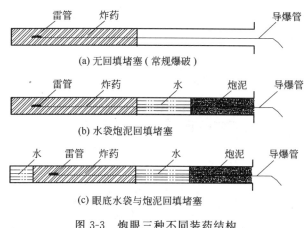

图 3-3 炮眼三种不同装药结构

推广试点工作组与现场施工技术人员跟踪了常规爆破 3 个循环。常规爆破炮眼分布见图 3-4,每循环设计进尺为 3.8 m。

在与常规爆破同样的条件下,即仍按图 3-4 炮眼分布,每循环设计进尺仍为 3.8 m,炮眼数量、炮眼深度、起爆顺序及间隔时间等不变,工作组跟踪了炮眼用水袋炮泥回填堵塞和炮眼底水袋与水袋炮泥回填堵塞各 3 个循环。

上述炮眼三种不同装药结构实际爆破效果见表 3-2。

2. 爆破效果分析

从表 3-1 和表 3-2 可以看出,炮眼底水袋与水袋炮泥回填堵塞,其爆破效果略好于炮眼用水袋炮泥回填堵塞,其实前者最大的优点还表现在降尘和防岩爆方面:由于炮眼最底部有水袋,可

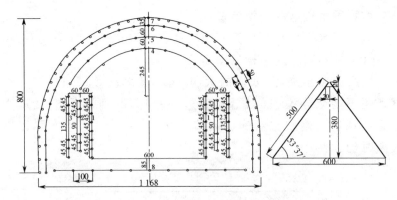

图 3-4 炮眼分布(单位:cm)

注:炮眼分布是工作组现场实测而绘制成的;存在的问题是 4 号位置以下还应布两排眼,掏槽眼内还应加辅助掏槽眼为宜。

表 3-2 炮眼三种不同装药结构爆破效果对比表

炮眼装药结构	装药量(kg)	实际单位用药量(kg/m^3)	节省炸药(%)	实际进尺(m)	炮眼利用率(%)	提高进尺(%)
常规爆破	189	0.772		3.1	82	
炮眼中一处注水炮泥回填堵塞	173	0.592	23	3.7	97	19
炮眼中两处注水炮泥回填堵塞	171	0.585	24	3.7	97	19

以比喻为爆破后一刹那给爆堆"喷水",其雾化降尘作用效果更好;炮眼底有水袋,其"水楔"作用不但进一步破碎岩石,而且水渗入到掌子面的岩石中,对防止岩爆起了很好的作用。所以说炮眼底水袋与水袋炮泥回填堵塞这种装药结构是比较理想的,这种装药结构称为"水压爆破"。

从表 3-2 可以进一步看出,水压爆破与常规爆破相比,更具有显著的"三提高一保护"作用:实际单位用药量降低了 24%;每循环掘进深度增加了 0.6 m,即常规爆破 6 个循环累计进尺仅相当于水压爆破 5 个循环;每掘进一延米可节省费用 700 元以上;降尘效果更好,此外还有防岩爆作用。

通过推广试点,各种数据无可争议地证明了"隧道掘进水压爆破"的优点。自推广试点起一直到隧道贯通,始终采取了水压爆破,共进行 108 个循环,累计进尺 396 m,比业主要求工期提前了 33 天。

中铁十一局集团根据马鹿箐铁路隧道和溪洛渡大河湾公路隧道两个推广试点所取得的成效,认为"隧道掘进水压爆破"应在全局集团范围内普遍推广。局集团领导决定于 2005 年 4 月 7 日在马鹿箐隧道召开中铁十一局集团全面推广《隧道掘进水压爆破》现场会。参加现场会的有段昌炎董事长、徐凤奎副董事长、覃为刚副总经理以及各子公司的领导及工程技术干部 50 余人。现场会开了整整一天,上午经验介绍,下午参观现场。与会者在隧道口观看了炮泥、水袋加工制作,并进洞在掌子面前观看了往炮眼装水袋、装药、再装水袋、最后用炮泥回填堵塞炮眼的全过程。爆破后约 10 分钟,与会者又进洞观看爆破效果,当看到爆堆集中、爆渣破碎并感觉爆破前后空气质量无差异时,大家异口同声地说:"还是水压爆破好!"这一炮,炮眼利用率高达 100%,即设计掘进深度 3.8 m,爆破后实际进尺 3.8 m。

现场会过后,中铁十一局集团下发了推广"隧道掘进水压爆破"有关规定。现抄录如下,供推广参考。

中铁十一局集团有限公司
关于全面推广《隧道掘进水压爆破》的规定

经宜万铁路马鹿箐隧道和金沙江溪洛渡水电站大河湾公路隧道推广"隧道掘进水压爆破"试点所取得的显著成效和所总结的经验,隧道掘进节能环保水压爆破较之常规爆破(炮眼无回堵塞或用炸药箱纸壳堵在炮眼口),能显著提高炸药能量利用率(降低炸药单耗)、提高施工效率(施工进度)、提高经济效益、保护施工人员身体健康(降低爆破粉尘量)。目前,从技术、管理、设备、施工组织及施工方法等方面,我集团公司已完全具备全面推广该项新技术的条件,为此,为推广科技创新、提升企业形象、保护环境、关爱生命、创造更大的经济和社会效益,集团公司决定全面推广该项新技术,并特作规定如下。

一、提高认识，大力宣传。要充分认识到"隧道掘进水压爆破"是矿山法隧道施工技术发展的一个里程碑，是"构建和谐社会、保护环境、关爱生命"在隧道施工中的具体体现，要在集团公司所属项目中大力宣传，使"隧道掘进水压爆破"深入广大管理人员、技术人员和操作人员的心中，努力提高推广该项新技术的自觉性、主动性和积极性。

二、为全面推广该项新技术，集团公司在建或今后承建的隧道，应一律采用"隧道掘进水压爆破"代替常规爆破。对在建隧道，若钻爆已分包，应把采用"隧道掘进水压爆破"所提高的效益，甲（项目部）乙（分包方）双方分享；对新中标的隧道，分包方必须有采用"隧道掘进节能环保水压爆破"的承诺，并适当降低报价，方可中标分包。对钻爆分包的在建隧道，其炮泥机、封口机、塑料袋等购置费，暂由项目部垫付，待隧道贯通后分包方如数偿还；以后中标的隧道，分包方应自费购置"两机"、"一袋"，炮泥加工和水袋封口，应由分包方负责，项目部仅负责邀请厂商到现场进行培训或机械维修。

三、实施"隧道掘进水压爆破"初始阶段，项目部应派专门的技术人员进行指导，正常后，项目部应监督检查，确保"隧道掘进节能环保水压爆破"的全面落实。

四、在推广"隧道掘进水压爆破"过程中，要不断地找出存在的问题予以及时解决，并不断总结经验，推动科技创新。

五、马鹿箐隧道现场会后，有关项目部应于2005年7月初和10月初分两次把推广的情况以书面形式上报集团公司科技中心，以利集团公司所属各单位交流；推广过程中遇到解决不了的问题，应及时反映，集团公司届时派人协助解决，集团公司将不定时不定点进行检查。

六、推广"隧道掘进水压爆破"所取得的成效，列为考核项目部工作的主要内容之一。对于积极主动推广并卓有成绩的项目经理和技术人员予以通报表扬和奖励；对消极应付的项目经理予以批评,严重的撤销项目经理职务。

七、今后在有关隧道工程的投标中,应把集团公司在"隧道掘进水压爆破"的优势反映在标书中,并在报价上给予优惠,以提高中标率。

中铁十一局集团公司
2005 年 4 月 18 日

三、齐岳山隧道

齐岳山隧道出口是第三个推广试点,是铁路隧道第二个推广试点。工作组于 2005 年 3 月 2 日开始在该隧道出口进行推广试点。

1. 工程地质概况

宜万铁路齐岳山隧道位于湖北省利川市茅草乡谋道镇。施工里程为 DK361+255～DK371+783,全长 10 528 m;在隧道左侧 30 m 设置一贯通平行导坑,长 10 581 m;在隧道线路右侧设置荆竹园斜井,与正洞交于 DK367+646,平面交角 35°,倾角 24.18°,主井斜长 714.97 m。中铁十五局集团承建 33 标,施工里程 DK364~841~DK371+783,长 6 883 m。其中齐岳山隧道出口工区承担 DK366+841～DK371+783 段,长 4 942 m。

齐岳山地质条件复杂,以侏罗系中统上沙西庙组、下沙西庙组、新田沟组和侏罗系下中统自流井组、侏罗系下统珍珠冲组为主。围岩主要由泥岩、砂岩、灰岩构成,多属Ⅲ、Ⅳ、Ⅴ级。断层、节理裂隙发育,最大漏水量 2 581.4 L/s。集中了溶洞、岩溶高压水、突水、突泥、断层、破碎带、瓦斯煤层、天然气、岩爆、软岩大变形、暗河以及石膏地层等多种不良地质现象。该隧道为宜万铁路第三长隧,在设计过程中就受到铁道部和设计院以及部分专家的高度重视,认为该隧道是宜万铁路地质条件最复杂、最烂、施工难度最大的隧道,并将该隧道定为动态设计隧道,为宜万铁路关键性控制工程之一。

该隧道单线设计开挖断面为 49.69 m²,开挖宽度 6.26 m,开挖高度 8.69 m。

2. 推广试点内容

通过马鹿箐和大河湾隧道两个推广试点所取得的成果和总结的经验，已从原先的五种和三种炮眼不同装药结构浓缩为两种不同装药结构：炮眼无回填堵塞和炮眼底水袋与水袋炮泥回填堵塞，如图 3-5 所示。

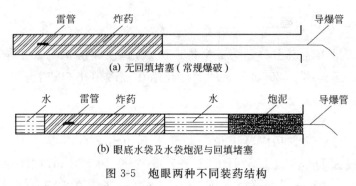

图 3-5 炮眼两种不同装药结构

推广试点工作组与现场施工技术人员跟踪了常规爆破 3 个循环。常规爆破炮眼分布见图 3-6（现场实测绘制），每循环设计进尺为 3.2 m。

在与常规爆破同样条件下，即仍按图 3-6 炮眼分布，每循环设计进尺仍为 3.2 m，炮眼数量、炮眼深度、起爆顺序及间隔时间等都不变，工作组又跟踪了水压爆破 3 个循环。

炮眼两种不同装药结构实际爆破效果对比见表 3-3。

表 3-3 炮眼两种不同装药结构实际爆破效果对比表

炮眼装药结构	装药量（kg）	实际单位用药量（kg/m³）	节省炸药（%）	实际进尺（m）	炮眼利用率（%）	提高进尺（m）	爆堆长度（m）	爆堆缩短率（%）
常规爆破	153	1.07		2.85	89		35.6	
水压爆破	132	0.825	23	3.2	100	0.35	24	33

3. 爆破效果分析

从表 3-3 可以明显地看出，齐岳山出口采用水压爆破与原先

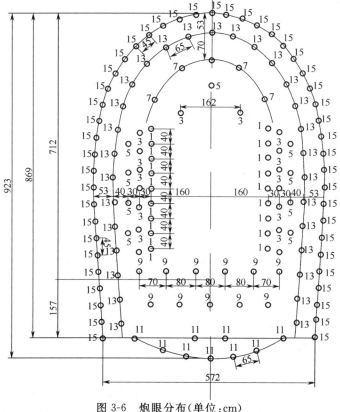

图 3-6 炮眼分布(单位:cm)

实施的常规爆破相比,再次证实了水压爆破具有显著的"三提高一保护"的作用。

提高了炸药能量利用率,即节省了炸药。在同样条件下,齐岳山隧道出口常规爆破实际单位用药量为 1.07 kg/m³,而水压爆破仅为 0.825 kg/m³,节省炸药 23%。

提高了施工进度:在同样条件下,常规爆破每一循环实际进尺为 2.85 m,而水压爆破为 3.2 m,炮眼利用率高达 100%,常规爆破 9 个循环累计进尺仅相当水压爆破 8 个循环的累计进尺。缩短了爆堆长度,节省了机械装渣时间,加快了出渣时间。爆破后粉尘含量大大下降了,缩短了排烟时间。

提高了经济效益:与常规爆破相比,每掘进一延米可节省费用 300 元左右。

——保护:施工人员一致反映,爆破后粉尘含量大大降低了,原先浓重的烟味明显减少,通风排烟时间短了,施工人员的身体健康得到了有效保护。

推广试点工作结束后,齐岳山隧道出口转向水压爆破正常施工。

4. 存在的问题

根据目前齐岳山隧道出口地质情况,其掘进进尺应由现今设计的 3.2 m 增加到 4.00 左右为宜,这样更能进一步发挥水压爆破的显著作用。

四、苍岭公路隧道

台金高速公路苍岭公路隧道出口为水压爆破第四个推广试点,也是公路隧道第二个推广试点。工作组与现场工程技术人员于 2005 年 4 月 14 日开始投入试点工作。

1. 工程地质概况

苍岭隧道位于浙江省东部阔苍岭低小丘陵区,左洞全长 7 536 m,右洞全长 7 605 m。中铁十五局集团承担其中第二合同段,左洞长 3 596 m(K98+700～K102+296,明洞 16 m,暗洞 3 580 m),右洞长 3 665 m(K96+700～K102+365,明洞 7 m,暗洞 3 658 m),合同期 37 个月。水压爆破试点在右洞进行。

隧道围岩以 Ⅳ、Ⅴ 类为主,主要岩性为熔结凝灰岩、花岗斑岩等,岩质坚硬、性脆。段内区域构造有 F3、F4、F5、F5-1、F6、F7 等断层,褶皱构造不发育,特别是 F4 断层横贯隧道,可能出现较大漏水。隧道最大埋深 768.2 m,K98+700～K100+055 段可能有中等岩爆,K100+055～K101+163 段,可能有低等岩爆等不良地质现象。

隧道断面为单心圆,开挖高度 7.93 m,宽度 11.82 m,Ⅳ 类开挖断面 82.08 m²,Ⅴ 类开挖断面 81.12 m²。

2. 推广试点内容

苍岭隧道出口与齐岳山隧道出口一样,均采取炮眼两种不同装药结构,如图 3-5 所示。工作组与现场技术人员跟踪了常规爆破与水压爆破各 3 个循环。常规爆破炮眼分布见图 3-7,设计掘进深度 3.8 m。水压爆破是在同样条件下进行的。要指出的是水压爆破其炮眼底部装 1 个水袋,水袋炮泥回填堵塞部分是装 4 个水袋,最后用炮泥回填堵塞到炮眼口。

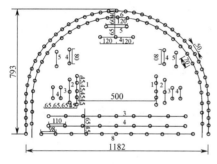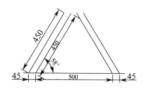

图 3-7　炮眼分布(单位:cm)

注:炮眼分布是实测绘制成的。存在的问题是 4 号位之间缺 2 排炮眼。

炮眼两种不同装药结构爆破效果对比见表 3-4。

表 3-4　炮眼两种不同装药结构爆破效果对比

炮眼装药结构	实际装药量(kg)	实际单位用药量(kg/m³)	节省炸药(%)	实际进尺(m)	炮眼利用率(%)	大块(边长大于 50 cm)数量(个)
常规爆破(炮眼无回填堵塞)	198.9	0.721		3.4	89.5	15
水压爆破	175.65	0.585	18.9	3.7	97.4	7

3. 爆破效果分析

从表 3-4 可以看出,水压爆破与常规爆破相比,节省炸药 18.9%,提高掘进深度 0.3 m,经计算每钻爆一延米可节省 500 元左右,尤其是该隧道出口无轨运输,大大降低了粉尘含量。

从马鹿箐隧道出口第一个推广试点开始到苍岭隧道出口第四个推广试点,证明了"隧道掘进水压爆破"与常规爆破相比,具有显著的"三提高一保护"的作用。

五、对推广试点的认识与体会

"隧道掘进水压爆破"通过宜万铁路马鹿箐隧道等四个推广试点的实践,人们对这项新技术从不认识到认识、从模糊认识到正确认识,使我们看到这项新技术面向全国普遍推广的美好前景。为了面向全国推广,也为了给即将推广这项新技术有关单位予以借鉴,现将对推广试点的认识与体会叙述如下。

1. 隧道掘进常规爆破法应成为历史

通过"隧道掘进水压爆破"四个推广试点的实践,"隧道掘进水压爆破"与常规爆破相比,有力地证明了"隧道掘进水压爆破"具有显著的"三提高一保护"作用,即提高了炸药能量利用率,节省炸药 17%～24%;提高了施工效率,每一循环提高进尺 0.30～0.60 m,爆堆集中、爆渣破碎,加快了装渣速度;每一延米节省费用 300～700 元;爆破后粉尘大大下降,保护了作业人员身体健康。

"隧道掘进水压爆破"与常规爆破相比,不增加炮眼数量、不增加炮眼深度,即不增加打眼工作量;易学、易掌握、易推广;投入少、收效快、效益高。

"有比较才能有鉴别"。"隧道掘进水压爆破"与常规爆破相比有"百利无一弊",如再不采用,是不可理解的,早采用早受益,再不能麻木不仁了,常规爆破法应成为历史了。

2. 推广试点方法得当

马鹿箐隧道等四个推广试点进行得如此迅速、如此顺利、如此有成效,推广试点方法得当是重要的因素之一。每一次推广试点开始之前,都拟定了较详细的推广试点工作大纲,推广试点完全按照大纲有序不紊地进行;推广试点结束后立即召开总结分析会,并写出推广试点工作报告,做到"打一仗进一步"。

为给即将推广这项新技术的单位提供参考,现以马鹿箐隧道

出口推广试点为例,把推广试点工作大纲和推广试点工作报告抄录如下:

宜万铁路马鹿箐隧道掘进推广《隧道掘进水压爆破》试点工作大纲

一、马鹿箐隧道推广试点目的

"隧道掘进水压爆破",于 2004 年 7 月被建设部评审批准为《建设部 2004 年科技成果推广项目》(详见《建科函〔2004〕142 号文件》)。

为了在国内全面深入推广该项新技术,特选定几座正在修建的隧道作为推广试点,宜万铁路马鹿箐隧道是其中之一。试点也称示范工程,有利于参观学习,更重要的是取得经验有利于普遍推广。

二、推广试点工作内容

"有比较才能有鉴别"。为对比炮眼无回填堵塞(常规爆破法)、炮眼用炮泥回填堵塞、炮眼底水袋与炮泥回填堵塞、炮眼水袋炮泥回填堵塞和炮眼底水袋及水袋炮泥回填堵塞等炮眼五种不同装药结构所产生的不同爆破效果,需对这五种不同装药结构进行实际爆破,并做出相应的详细记录。通过分析比较,说明常规爆破存在的弊病,而水压爆破的优越性所在,用客观事实指明隧道掘进推广水压爆破的必要性和重要性。

1. 隧道掘进常规爆破方法

所谓隧道掘进常规爆破方法,是指炮眼无回填堵塞或用纸壳塞入炮眼口。为了有力地说明水压爆破的优越性所在,应对目前国内普遍实施的常规爆破效果进行了解。为此应对宜万铁路马鹿箐隧道常规爆破进行跟踪,即记录常规爆破的炮眼分布、炮眼参数、装药量、装药结构、装药时间、起爆顺序、间隔时间、单位用药量以及炮眼利用率、岩石破碎程度、爆堆长和粉尘含量等。

为使记录的数据有可靠性、代表性,对常规爆破拟跟踪 3~5 个循环。

马鹿箐隧道出口隧道掘进常规爆破炮眼分布及起爆顺序如图(1)所示(现场实测而绘制成的),炮眼参数及爆破效果记录在表(1)中。

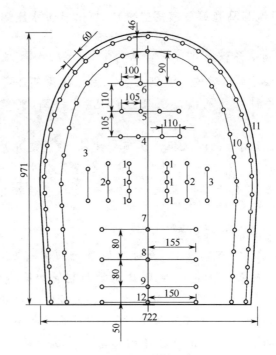

图(1) 炮眼分布(单位:cm)

2. 隧道掘进炮眼回填堵塞

20世纪60年代,国外隧道掘进炮眼无回填堵塞传入我国。炮眼无回填堵塞不是科学先进的方法,可以说是"洋破烂"。要想推广"隧道掘进节能环保水压爆破",必须先撕下"洋破烂",即进行炮眼回填堵塞。通过实际爆破效果警示人们,"洋破烂"穿不得了。

隧道掘进炮眼回填堵塞其炮眼分布、炮眼数量、炮眼深度、起爆顺序与间隔时间均与常规爆破一样,所不同的仅是用炮泥回填堵塞。记录3~5个循环,其数据列于表(2)中。

隧道掘进炮眼无回填堵塞(常规爆破法)
炮眼参数及爆破效果表(1)

炮眼名称	数量(个)	炮眼深(cm)	每眼装药量(卷/kg)	无回填长度(cm)
掏槽眼				
辅助掏槽眼				
拱部辅助眼				
中部辅助眼				
下部辅助眼				
拱部眼				
边墙眼				
底眼				
总计				
爆破效果描述	1. 掘进深度： 2. 单位用药量： 3. 装药占用时间： 4. 粉尘含量： 5. 爆堆长： 6. 爆堆高： 7. 块度： 8. 实际进尺： 9. 炮眼利用率：			

记录人： 　　　　　　　　　　　日期：

隧道掘进炮眼炮泥回填堵塞
炮眼参数及爆破效果表(2)

炮眼名称	数量(个)	炮眼深(cm)	每眼装药量(卷/kg)	回填长度(cm)
掏槽眼				
辅助掏槽眼				
拱部辅助眼				
中部辅助眼				
下部辅助眼				
拱部眼				

续上表

炮眼名称	数量(个)	炮眼深(cm)	每眼装药量(卷/kg)	回填长度(cm)
边墙眼				
底眼				
总计				
爆破效果描述	1. 掘进深度： 2. 单位用药量： 3. 装药占用时间： 4. 粉尘含量： 5. 爆堆长： 6. 爆堆高： 7. 块度： 8. 实际进尺： 9. 炮眼利用率：			

记录人： 日期：

3. 炮眼用水袋炮泥回填堵塞

渝怀铁路歌乐山隧道掘进采用水压爆破应用试验时，由常规爆破的炮眼利用率86.2%提高到97.4%，并节省炸药16.5%。此次试点，情况有所变化，即地质变了，施工人员变了，采用水压爆破还能保持原来的爆破效果吗？为回答这一问题，应进行实际爆破效果对比，记录3～5个循环。炮眼分布仍如图(1)，炮眼数量、炮眼深度等不变，实际爆破效果记录在表(3)中。

隧道掘进炮眼水袋炮泥复合回填堵塞
炮眼参数及爆破效果表(3)

炮眼名称	数量(个)	炮眼深(cm)	每眼装药量(卷/kg)	水袋长(cm)	炮泥长(cm)
掏槽眼					
辅助掏槽眼					
拱部辅助眼					
中部辅助眼					
下部辅助眼					

续上表

炮眼名称	数量(个)	炮眼深(cm)	每眼装药量(卷/kg)	水袋长(cm)	炮泥长(cm)
拱部眼					
边墙眼					
底眼					
总计					
爆破效果描述	1. 掘进深度： 2. 单位用药量： 3. 装药占用时间： 4. 粉尘含量： 5. 爆堆长： 6. 爆堆高： 7. 块度： 8. 实际进尺： 9. 炮眼利用率：				

记录人： 　　　　　　　　　　日期：

4. 炮眼底水袋与炮泥回填堵塞

自隧道掘进节能环保水压爆破在歌乐山隧道应用试验之后，对水袋与炮泥在炮眼中所起的作用不断深入的认识和提高，既然水袋在炮眼中上部能无损失地传递爆炸能量并与炮泥共同作用抑制爆炸生成气体膨胀冲出炮眼口，那么炮眼底如有水袋不是也会无损失地传递能量，而且炮眼底是坚固岩石封堵比炮泥作用更强。如果这种分析正确，炮眼底水袋降尘作用更会好，此外还起到防岩爆作用。为验证这种想法是否符合实际，在与常规爆破同样条件下，需进行 3～5 个循环的实际爆破，记录在表(4)中。

5. 炮眼底水袋与水袋炮泥回填堵塞

如炮眼底水袋有成效，在与常规爆破相同条件下，进行这第 5 种装药结构 3～5 个循环，记录在表(5)中。

三、推广试点工作所需时间

从上述推广工作内容计划可知，总计需进行 15～25 个循环，如以 1 d(24 h)两个循环计算，共需 7.5～12.5 d 完成实际爆破对比。

隧道掘进炮眼底水袋与炮泥回填堵塞
炮眼参数及爆破效果表(4)

炮眼名称	炮眼数量（个）	炮眼深度（m）	炮眼底水袋长（cm）	每眼装药量（卷/kg）	炮泥回填堵塞长(cm)
掏槽眼					
辅助掏槽眼					
拱部辅助眼					
中部辅助眼					
下部辅助眼					
拱部眼					
边墙眼					
底眼					
总计					
爆破效果描述	1. 掘进深度： 2. 单位用药量： 3. 装药占用时间： 4. 粉尘浓度： 5. 爆堆长： 6. 爆堆高： 7. 块度： 8. 实际进尺： 9. 炮眼利用率：				

记录人： 　　　　　　　　　　　　　日期：

隧道掘进炮眼底水袋及水袋炮泥复合回填堵塞
炮眼参数及爆破效果表(5)

炮眼名称	炮眼数量（个）	炮眼深度（cm）	每眼装药量（卷/kg）	炮眼底水袋长（cm）	水袋长（cm）	炮泥长（cm）
掏槽眼						
辅助掏槽眼						
拱部辅助眼						
中部辅助眼						
下部辅助眼						

续上表

炮眼名称	炮眼数量（个）	炮眼深度（cm）	每眼装药量（卷/kg）	炮眼底水袋长（cm）	水袋长（cm）	炮泥长（cm）
拱部眼						
边墙眼						
底眼						
总计						
爆破效果描述	1. 掘进深度： 2. 单位用药量： 3. 装药占用时间： 4. 粉尘含量： 5. 爆堆长： 6. 爆堆高： 7. 块度： 8. 实际进尺： 9. 炮眼利用率：					

记录人： 日期：

推广试点工作计划从2004年12月上旬开始，完成实际爆破对比之后，由施工队伍按照水压爆破最佳方案自行推广应用。虽谓"自行"，但必须坚持下去。为确保"坚持下去"，应由有关单位制定相关规定。

15～25个循环过后，推广试点工作组与现场施工技术人员立即整理资料，并撰写推广试点工作报告，预计2～3 d。

四、推广试点组织结构

推广试点组织结构，即组建推广试点工作组。

组长：荆山（宜万铁路中铁十一局集团指挥部指挥长）

副组长：刘华军（中铁十一局集团五公司董事长）、李兵（马鹿菁隧道出口项目经理）

顾问：徐凤奎（中铁十一局集团副董事长）、覃为刚（中铁十一局集团副总经理）

技术指导：何广沂（铁道第五勘察设计院）、王太超（中铁十一局集团科技中心主任）

组员：技术干部3人，测量工2人，钻爆队队长，工班长2人，钻爆工4人，装载机司机2人，合计14人。

五、推广试点工作成效表现形式

1. 撰写推广试点工作报告

撰写推广试点工作报告，上报中铁十一局集团和国家建设部科技司。

报告的主要内容是：推广试点工作进展情况，以取得的成效为主；推广试点还存在的问题；下一步打算和需上级解决的问题。

2. 修改工法

2004年，"节能环保工程爆破工法"被评选为省部级工法。通过马鹿箐隧道推广水压爆破的试点，撰写单独的"隧道掘进水压爆破工法"，与"节能环保工程爆破工法"相比，更专一、更深入、更有可操作性，以利于普遍推广。

3. 召开现场示范推广会

若推广试点取得成效，可召开现场推广会，使马鹿箐隧道掘进水压爆破成为名副其实的"示范工程"。

现场示范推广会参加的人员为集团公司正在施工的隧道负责人和技术人员。

现场示范推广会，要表演炮泥与水袋的加工制作以及炮眼装水袋、装炸药、再装水袋、最后回填堵塞炮泥的全过程。使参加现场会的人了解"隧道掘进节能环保水压爆破"施工工艺和施工方法，达到回去后就能实施水压爆破的目的。

现场会应准备的材料有："隧道掘进水压爆破"推广试点经验介绍；"隧道掘进水压爆破工法"；炮眼机、封口机使用说明。

中铁十一局集团推广试点工作组
2004年12月5日

国家级新技术推广项目《隧道掘进水压爆破》马鹿箐隧道出口推广试点报告

在宜万铁路马鹿箐隧道出口，"隧道掘进水压爆破"推广试点工作组,自 2004 年 12 月 8 日至 20 日,自始至终跟踪了隧道掘进钻爆队施工的 16 个循环,试点工作取得了显著的成效。隧道掘进常规爆破,即炮眼无回填堵塞或用纸壳塞入炮眼口,设计掘进深度为 3.8 m 而实际每循环平均进尺为 3.20 m,实际用药量 204 kg,而采用水压爆破,在钻爆参数、起爆顺序等方面与常规爆破一样的条件下,每循环平均进尺提高到 3.50 m,实际用药量降到 186.5 kg,不但如此,还减少了大块 65%,提高了岩石破碎度,缩短了爆堆长度 32%,显著地降低了粉尘和有害气体浓度,改善了施工环境,保护了施工人员身体健康。试点工作取得的成效,有力地证明了"隧道掘进水压爆破"比隧道掘进常规爆破具有显著的"三提高一保护"作用。根据国家对该新技术推广的要求,即成为"示范工程",推广试点工作取得的成效已满足要求。为普遍广泛推广提供了经验。

现将马鹿箐隧道出口推广"隧道掘进水压爆破"试点工作进展情况报告如下。

一、推广试点进展情况

1. 炮眼五种不同装药结构爆破效果对比

首先要指出的是,在马鹿箐隧道出口是进行"隧道掘进节能环保水压爆破"推广试点而不是试验。"隧道掘进水压爆破"经过长期试验是一项比较成熟的技术,而选在马鹿箐隧道出口作为推广试点,其目的是探索面向全国普遍推广的经验。

在马鹿箐隧道出口实施"隧道掘进水压爆破"是第一个试点,为使钻爆队充分认识到"隧道掘进节能环保水压爆破"的优越性所在,即有显著"三提高一保护"作用,按照"隧道掘进水压爆破推广试点工作大纲"的要求,进行了炮眼五种不同装药结构的实际爆破效果对比。五种不同装药结构见下图①。

目前隧道爆破掘进,极其普遍采用的是炮眼无回填堵塞或仅用纸壳塞入炮眼口,称为常规爆破。为客观指出常规爆破不可取

---

① 此图参看前文中图 3-1。

而必须采用水压爆破,需进行水压爆破与常规爆破实际爆破效果对比,为此工作组跟踪了常规爆破4个循环,其中第二个循环属于例外(爆破效果差),未列入对比行列。

在与常规爆破同样条件下,即仍按常规爆破炮眼分布、炮眼数量、炮眼深度、起爆顺序与间隔时间等不变,分别跟踪了其他四种不同装药结构各3个循环。

炮眼五种不同装药结构实际爆破效果对比列于下表中。

炮眼五种不同装药结构爆破效果对比表

炮眼装药结构	装药量(kg)	实际单位用药量(kg/m^3)	节约炸药(%)	实际进尺(m)	炮眼利用率(%)	提高进尺(%)	大块(50 cm以上)降低比例(%)	爆堆缩短比例(%)
炮眼无回填堵塞或用纸卷塞入炮眼口(常规法)	204.15	0.95		3.20	84.2			
炮眼炮泥回填堵塞	197.75	0.89	7.5	3.32	87.7	4.1	20	3
炮眼底水袋及炮泥回填堵塞	187.9	0.84	12.6	3.35	88.2	4.7	40	5
炮眼水袋与炮泥复合回填堵塞	185.9	0.81	16.2	3.43	90.4	7.2	70	28
炮眼底水袋及水袋与炮泥复合回填堵塞	186.5	0.79	17.0	3.50	92.1	9.4	65	32

从"炮眼五种不同装药结构爆破效果对比表"中明显地看出,炮眼无回填堵塞,即常规爆破是决不可取的,而采取水袋炮泥回填堵塞是十分必要的;五种不同装药结构,从实际爆破效果对比来看,最佳装药结构为炮眼底水袋与水袋炮泥回填堵塞,称这种装药结构的爆破为"水压爆破"。

从表中看出,水压爆破与常规爆破相比,具有显著的"三提高一保护"作用。

提高了炸药能量利用率,即节省了炸药:在同样条件下,每钻爆一循环,常规爆破实际用药量为204.15 kg,而水压爆破仅为

186.5 kg,不但提高了掘进深度,而且节省了 17.65 kg 炸药,实际单位耗药量节省了 17%。

提高了施工效率:在同样的条件下,每一循环常规爆破实际进尺平均为 3.20 m,炮眼利用率仅为 84.2%,而水压爆破实际进尺平均增加到 3.50 m,提高掘进深度 0.30 m,炮眼利用率达到了 92.1%,即常规爆破 12 个循环累计进尺仅相当于水压爆破 11 个循环的累计进尺;水压爆破与常规爆破相比,大块率降低了 65%,提高了岩石破碎程度,缩短了爆堆长度 32%,方便清渣,大大节省了出渣时间。

提高了经济效益:初步计算,水压爆破与常规爆破相比,每掘进一延米可节省费用 300 元左右,仅按宜万铁路全长 378 kg 而隧道占 58% 来计算,采用水压爆破将节省的费用非常可观。

所谓"一保护",即改善了施工环境,保护了施工作业人员的身体健康。马鹿箐隧道出口施工人员一致反映,水压爆破与常规爆破相比,粉尘烟雾有明显的减少。渝怀铁路歌乐山隧道应用试验"隧道掘进节能环保水压爆破"时采取的是炮眼用水袋炮泥回填堵塞,爆破后仪器实测粉尘浓度比常规爆破下降了 42.5,而马鹿箐隧道出口采取炮眼底水袋与水袋炮泥回填堵塞,其降尘效果会更好。

2. 推广试点存在的问题

推广试点存在的主要问题是水袋直径过小。其原因是加工塑料袋的厂家未征求"隧道掘进节能环保水压爆破"研究开发的主要人的意见而把塑料袋直径加工成 30 mm,与要求的 35 mm 相差甚大,否则这次试点取得的效果会更好;水袋封口不牢固,易渗水。这两个问题已通知厂家,近期会很快解决。

马鹿箐隧道出口推广试点已取得的成效,已具备召开现场会的条件。为充分准备现场会材料,工作组建议现场会拟在 2005 年 3 月底召开为宜。

中铁十一局集团推广试点工作组
2004 年 12 月 22 日

3. 召开推广试点动员会是解开思想认识的一把钥匙

隧道爆破掘进,长期以来全国普遍采用常规爆破,一旦改变为水压爆破,人们的认识跟不上,有怀疑,甚至还有抵触情绪。为扭转这种不利局面,在推广试点开始之前一天,召开动员会讲清楚常规爆破存在的弊病和水压爆破的优越性所在,这是解决思想认识的一把行之有效的钥匙。

四个推广试点,开了四次动员会。每次动员会均有以下几项议程和内容:

(1) 宣读《建设部2004年科技成果推广项目》通知,使人们从思想上认识到"隧道掘进水压爆破"这项科技成果,是经专家评选的和经建设批准的,有一定的含金量、有推广价值,否则不会入选为国家级科技成果推广项目之列。

(2) 由本书第一作者何广沂对推广"隧道掘进水压爆破"有关问题作说明。主要从理论到实际阐述推广"隧道掘进水压爆破"的必要性和重要性,使人们深刻认识到常规爆破浪费能源、污染环境、有害身体健康,背离可持续发展方针,而采用水压爆破,节省能源、保护环境、有利于身体健康,符合可持续发展方针。一言以蔽之,常规爆破应成为历史,而水压爆破势在必行。另外,强调是推广试点而不是试验,以解除人们怕影响正常施工的顾虑。

(3) 施工现场项目经理、技术干部代表和钻爆队代表发言,主要是表个态。

(4) 最后由集团领导讲话,提出要求。

4. 由集团公司派推广试点工作组是搞好推广试点的关键所在

在准备推广试点之前,中铁十一局集团段昌炎董事长就决定派集团公司和分公司领导参加工作组。徐凤奎副董事长和覃为刚副总经理分别带领工作组前往马鹿箐隧道和大河湾隧道;中铁十五局集团张璠琦董事长派谭振武副总经理带领工作组前往齐岳山隧道和苍岭公路隧道。这两个集团公司还邀请了何广沂参加工作组,负责现场技术指导工作。对工作组的作用,一名钻爆工人说得好:"上级领导这么重视,派了这么强有力的工作组,我们没有理由不干好;实际爆破效果证明水压爆破顶呱呱,工作组功不可没。"

5. 技术干部是搞好推广试点的根本保障

在推广试点过程中,钻爆工班进洞之前均由技术干部给钻爆工进行技术交底并作示范表演;开始往炮眼装药时,我们带领三四名年轻技术干部深入到掌子面在台车上、中、下层进行技术指导、检查、监督,并对炮眼数量、炮眼深度、装药量、水袋长和炮泥长等做好记录。

对于记录数据,我们多次提醒青年技术干部:记录的数据必须真实可靠,绝不允许在数据上做文章、动手脚,要用真实可靠的数据反映实际爆破效果的对比。每一钻爆循环都把记录的数据填在记录表格中,由至少两名技术干部签字。

技术干部对钻爆工进行技术指导、检查和监督时,技术指导是次要的,关键是检查、监督。有个别的钻爆工,由于种种原因,就是不按规定操作,如不进行检查、监督,所取得的效果就不真实可靠。由于技术干部进行检查、监督认真负责,在四个推广试点取得的数据真实可靠,而且是按规定进行爆破的。四个推广试点进展如此顺利、所进行的实际爆破对比如此真实、所记录的数据如此可靠,技术干部是根本保障。

6. 顾虑水压爆破容易出现哑炮和延长作业时间是多余的

在四个推广试点一开始,人们对采用"隧道掘进水压爆破"有两大顾虑:一是担心容易出现哑炮,二是担心延长作业时间影响施工进度。经实践证明,这两种顾虑是多余的。

四个推广试点,总计进行了37个循环,其中炮眼用炮泥回填堵塞3个循环,炮眼中有水袋为21个循环,合计24个循环,准爆率为百分之百,没有出现一次哑炮,每个炮眼均准爆。这是因为水袋坚实,不会因炮眼中有小碎块把水袋划破而导致炸药失效;炮泥回填堵塞也不会把导爆管摩擦断,所以仍保持常规爆破时的准爆率。

"隧道掘进水压爆破"到底会不会延长作业时间而影响施工进度呢?如果把炮眼全打完了,再进行装药,由于水压爆破多了装水袋和炮眼回填堵塞两道工序,那肯定比常规爆破仅装炸药要多占时间,是会影响施工进度的。可是实际作业中打眼与装药平行进行,从掌子面最顶头到最下面是由上往下逐层打眼的,而装药也是如此,即下层打眼时上层已打完的眼就开始装药了。经统计常规爆破与水压爆破装药时间相差无几。

7. 水压爆破仍有潜力可挖

在进行"隧道掘进水压爆破"应用试验和推广试点中,对隧道外圈炮眼,即光爆炮眼,并没采用水压爆破,仍采用常规爆破方法。随着对水压爆破认识的不断深入提高以及应施工人员的要求,对光爆炮眼也采取水压爆破。经研究分析,光爆炮眼采用水压爆破,其施工工艺也不麻烦,只要把炮眼药卷与药卷以空气为间隔改为以水袋为间隔,把常规爆破用炸药箱纸壳塞入炮眼口的做法改为用炮泥回填堵塞就可以了。这样一来降尘效果更好,还可以防止洞壁围岩的岩爆,此外光爆质量会更好,真是一举多得,大有潜力可挖。

综上所述,通过四个推广试点所取得的成效和所总结的经验,现今推广"隧道掘进水压爆破"已在设备、管理、技术、施工工艺和施工组织等方面为面向全国普遍推广提供了成熟的经验,已总结出了推广的一种模式。

第二节 隧道平行导坑掘进水压爆破

自2004年7月"隧道掘进节能环保水压爆破技术"被评审批准为《建设部2004年科技成果推广项目》以来,随之选择了宜(昌)万(州)铁路马鹿箐隧道、溪洛渡水电站对外交通工程大河湾公路隧道、宜万铁路齐岳山隧道和台缙高速公路苍岭隧道等4座隧道作为推广试点,即"示范工程",现已取得显著成效,达到了"示范工程"的目的。2005年8月26日,在建设部组织的专家评审会上,出席会议的全部评委全票通过该项技术成果,并对该项技术在推广试点所取得的成绩给予了充分肯定。这标志着该项技术推广试点已圆满结束,现已转入面向全国全面推广应用。黔桂铁路定水坝隧道是面向全国普遍推广的第一座隧道。该隧道全长 8 540 m,是黔桂铁路扩能改造工程中最长的隧道,也是最关键的控制工期工程。该隧道按设计要求,需开挖一平行导坑。水压爆破首先在平行导坑掘进中予以实施。以往无论是试验研究还是推广试点都选在隧道正洞,即爆破掘进的断面为 50~80 m²,而水压爆破对小断面爆破效果怎么样?本节将对此加以介绍。

一、平行导坑掘进常规爆破

在未进行水压爆破之前,该平行导坑掘进采取的是常规爆破,即炮眼无回填堵塞。

定水坝隧道平行导坑开挖宽度 4.8 m、高度 5.0 m,开挖面积约 22 m²。

平行导坑围岩为Ⅲ级石英砂岩夹泥岩。

平行导坑掘进常规爆破炮眼分布如图 3-8 所示。共计布炮眼 61 个,设计进尺为 2.5 m,平均每循环实际进尺为 1.86 m,每延米实际用药量为 39.75 kg,单位用药量 1.8 kg/m³,爆破后距掌子面 25 m 处粉尘浓度为 191.7 mg/m³。

二、平行导坑掘进水压爆破

在与常规爆破同样的条件下,即如图 3-8 所示同样的炮眼分布、同样的炮眼数量、同样的炮眼深度、同样的起爆顺序与间隔时间,采取的水压爆破其炮眼装药结构如图 3-9 所示。

平行导坑掘进水压爆破与常规爆破相比,每个炮眼装药量减少 1~2 卷炸药,即常规爆破每个炮眼装 10 卷以上炸药的(含 10 卷),而水压爆破每个炮眼相对少装 2 卷炸药;装 10 卷以下的,相对减少 1 卷。

要指出的是,以往无论试验研究还是实际应用对周边光爆炮眼均未采取水压爆破,而该平行导坑爆破掘进无光爆要求与设计,于是对该平行导坑掘进爆破的周边炮眼进行了水压爆破,与

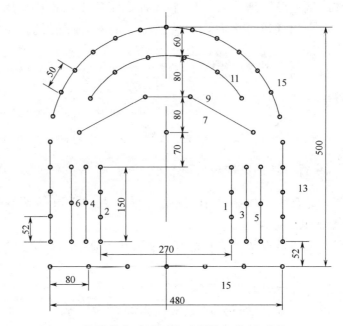

图 3-8 炮眼分布(根据现场实际施工绘制,单位:cm)
注:图中所标序号为毫秒雷管段别。

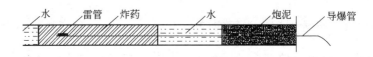

图 3-9 炮眼装药结构

平行导坑爆破掘进的其他炮眼水压爆破相比,适当加长了炮眼中上部水袋与炮泥的长度。

该平行导坑掘进水压爆破实际应用的爆破效果是,平均每循环实际进尺为 2.21 m,每延米用药量为 25.79 kg,实际单位用药量为 1.17 kg/m³,爆破后距掌子面 25 m 处的粉尘含量为 63.3 mg/m³。

三、平行导坑掘进水压爆破与常规爆破效果对比

定水坝隧道平行导坑掘进水压爆破与常规爆破效果对比见

表 3-5。

表 3-5　水压爆破与常规爆破效果对比表

爆破方法	设计掘进深度 (m)	实际平均进尺 (m)	实际平均单耗 (kg/m^3)	粉尘浓度 (mg/m^3)
常规爆破	2.5	1.86	1.8	191.7
水压爆破	2.5	2.21	1.17	63.3
效果比较	0	+0.35	−0.63	−128.4

通过实际爆破效果的比较,充分证明了平行导坑掘进水压爆破与隧道正洞掘进水压爆破的优越性是完全一致的,即与常规爆破相比具有同样的"三提高一保护"的作用。

提高了炸药能量利用率:平行导坑掘进水压爆破比常规爆破可节省炸药 35%,比正洞还要多。这是否与掘进断面大小有关,有待进一步研究。

提高了施工进度缩短了施工工期:平行导坑掘进采取水压爆破,与常规爆破相比,在不延长作业时间的条件下,平均每循环进尺提高了 0.35 m,即水压爆破 5 个循环累计进尺相当于常规爆破 6 个循环累计进尺,提高了施工进度;由于水压爆破具有显著的降尘效果,缩短了平行导坑通风时间和工序衔接时间。定水坝隧道出口平行导坑还有 2 000 m 未开挖,采取水压爆破掘进与常规爆破相比,可缩短工期 42 天。

提高了经济效益:平行导坑掘进水压爆破与常规爆破相比,平均每延米可节省成本 170 多元,未开挖的 2 000 m 平行导坑采取水压爆破,可节省成本约 35 万元。

保护了施工环境:平行导坑掘进采取了水压爆破,与常规爆破相比,粉尘浓度降低了 67%,作业人员明显感觉到粉尘大大减少、洞内空气质量提高,改善了施工环境,保护了作业人员身体健康。

平行导坑掘进水压爆破与常规爆破粉尘浓度的监测仪器、监测工作状态、监测的有关数据和监测结果详见表 3-6。

表 3-6 粉尘浓度监测记录表

监测单位：中铁十一局集团五公司试验室　　　　　　　　　　　　　　　　　　　　　　　编号：2005—01

监测日期	测定地点	工种及状态	采样时间(min)	样品(滤膜)编号	采样流量(L/min)	采样前滤膜重量(mg)	采样后滤膜重量(mg)	浓度(mg/m³)
一、常规爆破								
2005年8月31日 9:11—9:16	黔桂铁路定水坝隧道平导距掌子面25 m处	爆破后3 min，未通风	5	1	30	38.9	68.7	198.7
2005年8月31日 17:35—17:40	黔桂铁路定水坝隧道平导距掌子面25 m处	爆破后3 min，未通风	5	2	30	41.2	68.9	184.7
							平均值	191.7
二、水压爆破								
2005年9月7日 10:49—10:54	黔桂铁路定水坝隧道平导距掌子面25 m处	爆破后3 min，未通风	5	3	30	41.9	51.4	70
2005年9月7日 21:03—21:08	黔桂铁路定水坝隧道平导距掌子面25 m处	爆破后3 min，未通风	5	4	30	41	49.5	56.6
							平均值	63.3

填表人：李彪　　　　　　　　　　时间：2005年09月09日　　　　　　　　　　使用仪器：TH-40E型恒流粉尘采样器，万分之一克分析天平

有关爆破后粉尘浓度监测仪器工作原理、性能和操作方法简介如下。

无论对露天爆破还是隧道爆破掘进,爆破后粉尘浓度的监测均采用武汉天虹智能仪表厂生产的 TH-40E 恒流粉尘采样器。

采样范围及采样器工作原理:TH-40E 恒流粉尘采样器可以对任何环境下(露天或地下)的粉尘浓度进行采样。该采样器增设了自动恒流采样功能,采用了多级高效涡流负压泵、涡衔流量传感器,使用多级高效涡流负压泵,在滤膜测尘采样流量下动力效率较高,即在相同滤膜和流量时它的能耗和噪声低于其他测尘抽气装置。使用涡衔流量传感器具有阻力小、精度高、线性好和性能稳定可靠等特点,输出的数字信号经数/模转换,可在表头上显示出瞬时流量,同时用作控制器的流量输入信号。

该采样器性能:流量范围为 10～40 L/min;流量指标精度 $\pm 2.5\%$;恒流自动控制精度 ± 1.5;工作方式为自动控制比例积分调节方式;噪声,流量 30 L/min 以下小于 60 dB,30 L/min 以上小于 70 dB;滤膜直径为 ϕ40 mm;流量调节,可预置设定流量和手动调节流量;功率为 10 W(30 L/min);显示方式为模拟表头指示流量。

采样器操作方法:用毫克天平测量出滤膜的初始质量;装上带有滤膜的滤膜卡,按下电源开关;拨动开关置于流量指示(设定流量位),计时开机,调节表头指针至需要的流量,随时观察实际流量,看实际流量显示是否稳定与设定值一致;采样到达时间,关掉电流开关;用毫克天平测量出滤膜的测量后质量,运用公式计算出粉尘的浓度。

第三节　隧道掘进光面水压爆破

在"隧道掘进水压爆破"试验研究和推广试点过程中,对周边光面爆破炮眼未实施水压爆破,仍采取以往的爆破方法,而仅对其余的内部炮眼全部采取了水压爆破。其原因是当时我们还存在着一种顾虑,如光爆炮眼采用水压爆破,水袋、炮泥用量过多,怕钻爆工嫌麻烦而影响其他炮眼水压爆破。

随着钻爆工对"隧道掘进水压爆破"的认识不断深入和提高，尤其是通过四个推广试点取得的显著成效，钻爆工对"隧道掘进水压爆破"发生了从不认可到肯定、从消极到积极的转变，有的钻爆负责人还向我们提出能否采取水压爆破代替光面爆破必须使用导爆索这个问题，这一切让我们的顾虑消除了。

我们对"隧道掘进水压爆破"的认识也是逐步深入和提高的，可以说有两次升华过程，其一是大胆地把水袋装入炮眼最底部，其二是充分认识到光面炮眼采取水压爆破，不但大幅度降低起爆器材费用，而且降尘效果会更好，此外还可以提高光爆质量，并对防止岩爆起了一定作用，真是"一举多得"。

"隧道掘进水压爆破"四个推广试点之后，我们集中精力，全身心地投入"隧道掘进光面水压爆破"研究，于 2005 年 7 月中旬开始在黔桂铁路定水坝隧道出口平行导坑中进行了试验研究，同年 10 月下旬在宜万铁路马鹿等隧道进一步进行试验，接着 12 月中旬在定水坝隧道掘进中进行了实际应用。

一、隧道掘进光面爆破现状

现今隧道掘进光面爆破，其光爆炮眼绝大多数采取以空气为间隔的间隔装药结构，药卷直径多为普通的 32 mm，少数为 25 mm，炮眼口用作药箱纸壳卷成卷堵塞。其起爆方法是，首先按光爆炮眼的深度再加长约 50 cm 左右把成卷的导爆索切断，然后把切断后的导爆索沿光爆炮眼深度填入炮眼中起爆药卷，随后光爆炮眼外再用导爆索把多个从光爆炮眼引出的导爆索并联，最后用毫秒雷管起爆用于并联的导爆索。所有光爆炮眼，一般分 6~8 组分别用导爆索并联，分别用 6~8 个毫秒雷管起爆并联的导爆索。

光爆炮眼这种装药结构和起爆方法，最大的特点是装药简便，而最大的缺点是导爆索用量大、费用高，此外容易出现拒爆。出现拒爆的原因之一是导爆索在炮眼外连接方法不当所造成的，如图 3-9 所示，(a)图为错误(拒爆)连接方法，(b)图为正确连接方法。

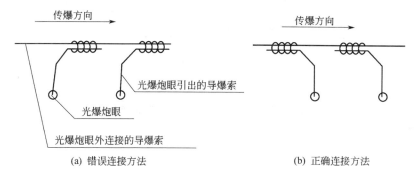

图 3-9 导爆索连接

隧道掘进光面爆破,以往炮眼采取以空气为间隔的间隔装药结构、用导爆索起爆间隔装药的药卷并用纸壳堵塞炮眼口,如图 3-10 所示。这种装药结构、堵塞和起爆方法称为"隧道掘进常规光面爆破"。

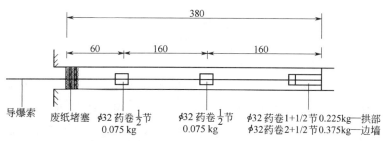

图 3-10　隧道掘进常规光面爆破炮眼装药结构（单位:cm）

二、隧道掘进光面水压爆破

1. 有导爆索的光面水压爆破

在实施隧道掘进光面水压爆破的前期,仍按隧道掘进常规光面爆破的间隔装药,以同样的装药量和导爆索起爆药卷,所不同的,一是往炮眼底部装入一个水袋;二是将离炮眼口最近的药卷往炮眼底部方向适当移动,使其距炮眼口的距离为 1.0 m 左右;三是用水袋与炮泥回填堵塞炮眼,炮泥堵塞长约 0.5 m。有导爆索的光面水压爆破炮眼装药结构如图 3-1 所示。

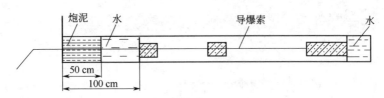

图 3-11　有导爆索的光面水压爆破炮眼装药结构

这种有导爆索的光面水压爆破,虽然未节省起爆器材费用,但起到了进一步降尘的作用以及防岩爆的作用。

2. 无导爆索的光面水压爆破

光爆炮眼无导爆索的光面水压爆破称为"隧道掘进光面水压爆破"。它与隧道掘进常规光面爆破相比,有四大变化或改进:变间隔装药为连续装药;变药卷直径 32 mm 的为 25 mm;变导爆索起爆药卷为雷管起爆药卷;变纸壳堵塞为水袋与炮泥复合堵塞。在这四大变化中最主要的变化是不再使用导爆索了,大大降低了起爆器材费用。经实际应用,隧道掘进光面水压爆破与隧道掘进常规光面爆破相比,不但节省了起爆器材费用,而且进一步起到了降尘的作用和提高了光爆质量。

在隧道爆破实际应用中,设计掘进深度一般为 3.8 m 或 3.2 m,故光爆眼深度相应为 3.8 m 或 3.2 m。现以光爆炮眼的深度 3.8 m 为例,实际应用中光爆炮眼装药结构如图 3-12 所示,即先向炮眼底部装 2 个水袋,随之装 8 节小直径(25 mm)药卷,再往下装 5 个水袋,最后用炮泥回填堵塞炮眼。

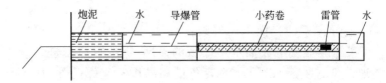

图 3-12　隧道掘进光面水压爆破炮眼装药结构

要特别指出的是,光面水压爆破之所以能进一步起到降尘的作用,其原因是:在本书第一章试验研究中提到,在未实施光爆水压爆破时,炮眼底部也未装水袋,仅在炮眼中上部装水袋,其爆破后粉尘浓度比隧道掘进常规爆破下降了 42.5%；在第三章第一节中提到,在未实施光面水压爆破时,炮眼底部装了水袋,这一变化使其爆破后粉尘浓度下降了 67%。光面水压爆破是在隧道断面内部炮眼水压爆破后,又从光爆炮眼"四面八方"向被爆破后的岩石喷洒水雾,而且这部分水雾要比隧道断面内的炮眼底部水雾多得多,所以降尘效果会更好。隧道掘进作业人员对此感受最深的是,缩短了通风和工序衔接时间,大大改善了作业环境。

3. 光爆质量分析

隧道掘进光面水压爆破实际应用与隧道掘进常规光面爆破相比,提高了光爆质量,具体效果如下：

(1)欠挖不大于 5 cm,超挖不大于 15 cm；岩石起伏差在 15～20 cm 以内；

(2)半眼痕保留率,坚硬而整体性好的岩石≥80%,中等强度的岩石≥65%,软弱或节理发育的岩石>50%；

(3)炮眼壁面上无粉碎和明显的裂缝,对围岩成岩体的破坏轻微；

(4)软松破碎岩石,爆破后无大的危石浮石；地质好的无危石或很少危石。

隧道掘进光面水压爆破取得上述的光爆质量,是严格实施了以下 5 点技术要求：

(1)合理选择光面爆破炮眼间距 a

虽有不少爆破书或论文讲述了光面爆破技术原理,但其理论基本一致,即光面的形成是由于应力波波峰叠加和爆炸气体共同作用的结果。如果用科普语言来讲,由于光爆炮眼间距较小,在爆炸作用下,炮眼连线上形成应力集中,所以沿连线岩石断裂形成光面。说得更通俗一些,如同撕邮票那样,孔与孔越密越好撕,所以光爆炮眼间距要适当地密集,一般炮眼间距 a 为 40～50 cm。

(2)光爆层厚度 w 必须大于炮眼间距 a

隧道断面内的内圈炮眼到光爆炮眼之间的距离定义为光爆

层厚度 w。如果 $w<a$，并且光爆炮间采取间隔装药，那么极容易在光面上作出坑，光面不平顺整齐，光爆质量差，所以应 $w>a$，一般使 $a/w=0.8$ 左右为宜。

(3) 严格掌握打光爆炮眼的角度

光爆炮眼应分布在隧道断面设计轮廓线上。由于受到拱部和边墙壁的阻碍，凿岩机钻眼时不得不向上（拱部）或向外（边墙）甩出一个小角度 α，如图 3-13 所示。凿岩机紧贴在已开出的轮廓面操作时，这个角度 α 可控制在 3°以内。当炮眼深度 L 为 3.8 m 时，每个循环的错台可以控制不大于 15 cm。这

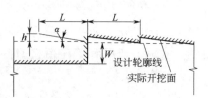

图 3-13 打光爆炮眼的错台
L—炮眼深度；W—光面层；
α—甩出角度；h—错台差。

就要求提高施工质量，保障光爆炮眼有足够的钻眼精度。

(4) 打光爆炮眼应"准平直齐"

所谓"准"，就是定准打眼位置。测工要准确划出开挖断面的中线和轮廓线及水平标高，用钢尺量出各炮眼的间距，依照设计，准确地标出光爆层厚度界线。打眼前，用红漆标出光爆炮眼的开眼位置。

所谓"平直"，就是钻眼要严格掌握方向，尽量使风枪不上挑外甩，以便打出"平直"的光爆炮眼来。为此，用半圆仪校准钎杆的水平角度，这对保持钻眼的平行度是很有效的。在离开挖断面 2 m 处的顶板上，悬挂一根线绳作为临时中线，可校正钎杆的顺直方向。中心顶眼打好后，插入一根长钎杆或炮棍，作为其他光爆炮眼定向的标志。

所谓"齐"，就是光爆炮眼的深度要一致，即炮眼底部应在同一垂直面上。

(5) 光爆炮眼起爆应使用秒段发雷管

为了有效地控制爆堆抛散距离，我们的经验是，断面内炮眼采取毫秒雷管起爆，而光爆炮眼拟采取秒段发雷管起爆，这样可以缩短爆堆距离，见图 3-14，有利于清方。

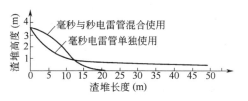

图 3-14 爆堆形状

4. 光面水压爆破经济效益分析

仅以定水坝隧道掘进光面水压爆破实际应用为例,进行经济效益分析如下。

黔桂铁路最长的隧道——定水坝隧道全长 8 540 m,其围岩

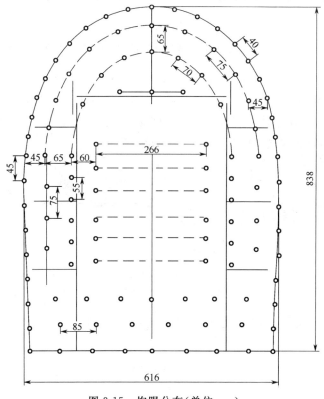

图 3-15 炮眼分布(单位:cm)

为Ⅲ级,岩性为石英岩夹泥岩,节理发育。正洞开挖断面如图 3-15 所示,开挖宽度 6.16 m,高为 8.38 m,开挖面积约 56 m²。

正洞炮眼分布见图 3-15,隧道掘进设计进尺为 3.2 m。隧道光面常规爆破炮眼装药结构见图 3-16,炮眼底部装 1 卷直径为 32 mm 的药卷,中部等间隔装 3 卷直径为 25 mm 的药卷(简称小药卷),炮眼口处应用炮泥堵塞,可是实际上绝大多数是纸卷堵塞在炮眼口,药卷用竹片定位。装药前先将药卷和导爆索用黑胶布绑扎在竹片上,装药时整体填入炮眼中。

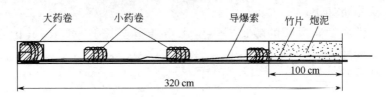

图 3-16　隧道掘进常规光面爆破炮眼装药结构

光面水压爆破炮眼装药结构见图 3-17。图中显著特点是,与断面内炮眼水压爆破相比,光爆炮眼底部增加了水袋,长度增加了一倍,此外炮眼中上部水袋与炮眼长之比理应小于 1,但实际大于 1,这是考虑更有效降尘作用而设计的。

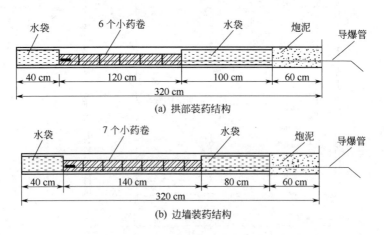

图 3-17　光面水压爆破炮眼装药结构

定水坝隧道掘进光面水压爆破效果十分令人满意。虽然炮眼底部增长了水袋,但由于光爆层厚度较断面内炮眼间距小,故光爆炮眼没有留下炮痕。拱部半眼痕达到了95%,边墙达到了80%,整个隧道开挖轮廓面平整圆顺,没出现像常规光面爆破出现的凹凸不平现象。不但如此,水雾降尘效果更为明显,爆后能见度大大提高。

光面水压爆破与常规光面爆破的爆破材料用量对比见表3-7。

表 3-7　爆破材料用量表

爆破方法	每循环炸药量(kg)	每循环毫秒雷管(个)	每循环导爆索(m)	每循环爆破材料费(元)
常规光面爆破	17.85	8	150	470
水压光面爆破	26.88	35	0	290

注:表中数据是以当地毫秒雷管每个3.5元、炸药每公斤6.3元、导爆索每米2.2元而计算出的爆破材料费用。

从表中可看出,光面水压爆破与常规光面爆破相比每循环可节省爆破材料费180元。平均每循环进尺为2.9 m,则每延米可节省62元。

第四节　隧道掘进水压爆破净化有害气体

研究开发的"隧道掘进水压爆破技术",是以提高炸药能量利用率和降低爆破粉尘等为宗旨的,所以该项技术无论是在应用试验阶段还是在推广试点与推广阶段,我们始终把着眼点集中在这方面。随着该项技术的研究与推广工作逐步深入,我们逐渐意识到水压爆破能否起到净化爆破后有害气体作用这个问题,于是在2006年9月在襄(樊)渝(重庆)铁路复线施工中的清水溪隧道进行推广水压爆破时,对隧道掘进常规爆破(炮眼无回填堵塞)与水压爆破进行了有害气体的测量。从对比测量所取得的客观数据分析,有力地证明了水压爆破能有效地净化爆破后的有害气体。

下面将测量有害气体的仪器作用原理、性能和操作方法以及测量隧道掘进常规爆破与水压爆破的有害气体含量等一一介绍如下。

一、测量有害气体仪器

隧道爆破掘进检测爆破后有害气体使用的检测仪为法国的奥德姆(OLOHAM)公司生产的 MX21-plus 复合式智能型检测报警仪。

1. 检测范围及工作原理

该检测仪共有四个检测通道,可以同时检测四种气体,其检测范围有 Explo(可燃气体)、O_2(氧气)、CO(一氧化碳)、NO_2(二氧化氮)、SO_2(二氧化硫)、CO_2(二氧化碳)、NO(一氧化氮)、H_2S(硫化氢)、NH_3(氨气)、C_{12}(醇)、H_2(氢气)、HCl(氯化氢)、HCN(氢氰酸)和 CATHARO 等多种气体含量。检测不同的气体含量时更换相应的检测传感器。每种传感器在出厂时都设定好了不同的报警点,并且仪器窗口有相应的报警显示灯。检测时如果某种气体超过量程,相应的报警器就会发出"嘀嘀"的连续报警声,报警显示灯就会不停地闪烁。各种传感器设定的最大值一般都超过标准值很多,如果出现报警声,则该种气体的含量已经超过标准值。

2. 检测仪性能

结构:1 个可燃气传感器,1～3 个其他传感器。

检测气体:可燃气、毒气、氧气。

测量方式:所有工作中传感器持续检测。

显示面板:数字 LED,同时显示 2 排 16 行;未编码模式通讯。

传感器:免标定可更换单元(除可燃气外);仪器(EEP-ROM 自动识别。

传感器故障:由单独的指示灯显示;未编码模式通讯;相应的通道锁定,其他通道继续工作;连续声光报警。

仪器检测:自动标定;开机自检;售后服务部检测。

报警:可燃气,一个瞬时报警点;氧气,两个瞬时报警点;毒气,一个瞬时报警点,一个 15 min 平均值报警点,一个 8 h 平均值报警点。

报警信息:公共声光报警;单独通道报警;通过故障报警灯。

3. 检测仪操作方法

大多数灵敏气体传感器在出厂时的标定值都为零,而只有氧气的标定值为 20.9%,这些数据都会在窗口对应的通道上显示出来。仪器使用时间长了以后,部分气体传感器的标定值可能会产生误差,一旦发现通道上气体传感器的标定值有漂移时,要对仪器进行归零调试。调试时要将仪器放在远离可燃气体或毒气的环境中,并且氧气的浓度也在正常的范围内。

检测较重的气体,例如 H_2S、CO、NO_2、SO_2,将仪器摆放地上;检测大多数气体或氧气时放在中等高度(离地约 1 m);检测较轻的气体,例如 H_2,把仪器放在较高的位置。远距离检测时,可以使用电动或手动远距离取样器。

该检测仪的灵敏度非常高,检测时,只要将仪器开机后放置于检测环境中,各种气体的检测值马上就显示在窗口相应的通道上,检测值与标准值相互比较,检测结果立刻知道。

二、有害气体的测量

隧道掘进常规爆破与水压爆破,其掌子面爆破后有害气体的测量始于 2006 年 9 月襄渝铁路复线清水溪隧道爆破掘进时。该隧道石质为青色灰岩,岩石级别为Ⅲ级围岩,其开挖断面约 60 m²,采取全断面爆破开挖,布置炮眼 102 个,水平楔形掏槽,设计掘进深度为 3.2 m,常规爆破每循环装药量为 143.40 kg,水压爆破相对常规爆破仅仅减少了 24 kg 作药,炮眼数量、相应孔眼深度等等均无变化。要说明的是,隧道爆破掘进,其有水炮眼,例如底眼,要装乳化炸药;无水炮眼,一般装 2 号岩石硝铵炸药。该隧道无论是其他炮眼还是底眼均无水,所以均装 2 号岩石硝铵炸药。隧道掘进常规爆破与水压爆破就是在这种条件下进行有害气体测量的。具体过程是:

掌子面炮眼起爆后,测量人员立即从洞口(距掌子面约 300 m)赶至掌子面,把仪器摆放在爆堆边缘处(距掌子面 20 m 左右),仪器在无通风的条件下停放 10 min,最后把仪器取走,即完成了有害气体测量工作。

常规爆破与水压爆破各进行了 2 个爆破循环的测量,有害气体种类及其浓度见表 3-8。

表 3-8 有毒有害气体监测记录表

监测部门：中铁十一局集团五公司企业管理部

监测时间	测量地点	工种	CO(标准 24×10⁻⁶)		NO₂(标准 2.5×10⁻⁶)		SO₂(标准 5×10⁻⁶)		CH₄(标准 15%LEL)	
			测量值	超标	测量值	超标	测量值	超标	测量值	超标
2006年9月10日4时30分	中铁二十局三公司襄渝二线清水溪隧道出口距掌子面23 m	正常爆破	280	1 066.67%	0.7	未超标	0.5	未超标	4	未超标
2006年9月11日4时10分	中铁二十局三公司襄渝二线清水溪隧道出口距掌子面23 m	正常爆破	350	1 358.33%	1.1	未超标	0.9	未超标	6	未超标
2006年9月12日3时20分	中铁二十局三公司襄渝二线清水溪隧道出口距掌子面23 m	水压爆破	1 200	4 900.00%	8.1	224.00%	8.2	64.00%	12	未超标
2006年9月13日14时20分	中铁二十局三公司襄渝二线清水溪隧道出口距掌子面23 m	水压爆破	1 200	4 900.00%	11.9	376.00%	10.8	116.00%	14	未超标

续上表

监测时间	测量地点	工种	CO(标准 24×10^{-6})		NO_2(标准 2.5×10^{-6})		SO_2(标准 5×10^{-6})		CH_4(标准 15%LEL)	
			测量值	超标	测量值	超标	测量值	超标	测量值	超标

填表人：荀君熙、杨坤

注：①水压爆破各种有毒有害气体浓度均比正常爆破高，原因是水压爆破后各种有毒有害气体浓缩在距隧道掌子面近 20 m 的一个小范围内，没有扩散，用 110 kW 以上隧道抽风机可以在 5 min 之内全部抽完，进入下一步工序；而正常爆破后各种有毒有害气体大面积扩散，弥漫到整个隧道之中，用 110 kW 以上隧道抽风机至少要 30 min 以上才能抽完，进入下一步工序。水压爆破可以缩短工序之间的时间近 30 min。

②水压爆破渣块堆放距离不到 18 m，且渣块直径小；而正常爆破渣块堆放距离超过 20 m，且渣块直径大。水压爆破出渣的速度要快。

③水压爆破通过隧道抽风机抽风后的空气清洁度比正常爆破通过隧道抽风机抽风后的空气清洁度要好，有利于出渣人员工作，有利于防止矽肺病的发生，有利于保护工作人员的职业健康安全。

④水压爆破比正常爆破可以节约更多炸药、电能、人工费、机械使用费等，有利于节约成本。

在未见到"有毒有害气体监测记录表"(表 3-8)之前,测量人员已向我们透露:经实测,水压爆破要比常规爆破的有害气体浓度高,这使我们困惑不解。待见到了"记录表",看到了常规爆破有害气体没超标的,例如 NO_2、SO_2,水压爆破反而超标了,其超标如此之大,分别为 376.00%与 116.00%;常规爆破的 CO 超标为 1 358.33%,而水压爆破竟为 4 900.00%,后者比前者高出 2 倍多;CH_4 浓度水压爆破虽未超标,但比常规爆破高出 2.5 倍。面对这样的对比数据便让人产生了水压爆破怎么会带来如此大的副作用的疑问。当继续看到"有毒有害气体监测记录表"中的"注①"时,我们才茅塞顿开、恍然大悟。

要指出的是,我们邀请中铁十一局集团第五工程有限公司的苟君熙、杨坤两同志负责有害气体测量工作,他俩长期从事隧道施工有害气体测量及隧道施工通风工作。在这方面我们很尊重他俩的意见,所以对监测记录表中"注①"的分析,我们认为是有一定道理的。如果更进一步测量,用实测数据证实"注①"分析的正确性,那么才能得出最后结论——隧道掘进水压爆破确实能起到净化有害气体的作用。对这项工作已下决心,非做不可。由于本书出版受时间限制,最后测量结果还不能在该书中与读者见面,只好今后见另文了。

第五节 铁路既有线扩堑深孔水压爆破

无论本节铁路既有线扩堑深孔水压爆破,还是下一节高速公路扩堑深孔水压爆破,都属于深孔松动控制爆破范畴,其深孔水压爆破设计与以往深孔松动控制爆破设计基本一致,所不同的仅是炮眼装药结构。深孔水压爆破要往炮眼中一定位置注入一定量的水,并用符合一定要求的炮泥回填堵塞。鉴于此,首先要介绍深孔松动控制爆破设计原则与计算方法。

本书第一作者何广沂在《岩石爆破新技术》(中国铁道出版社 1986 年版)一书中,对深孔爆破设计方法和药量计算等有详细的演算和推导,整理了一系列公式,而深孔松动控制爆破就是在这样的基础上经过大量的实际爆破总结出一套爆破设计与计算方法,实际应用证明,可以有效地控制飞石,使爆破的岩石"松动而不飞散","开裂凸起而不滑塌",所以称为"深孔松动控制爆破"。

深孔松动控制爆破基本设计与计算分以下八个步骤。

1. 台阶高度 H

深孔松动控制爆破台阶高度的选定分两种情况:一是当岩石爆破开挖不太深时,由岩石开挖深度确定台阶高度;二是岩石爆破开挖较深,这要根据钻机钻不同孔深的钻孔效率并结合岩石开挖的深度综合考虑,分 2~3 个台阶,甚至更多个台阶。

在铁路、公路和站场中进行的深孔松动控制爆破,通常使用的潜孔钻孔机,其钻孔直径分两种,一种钻孔直径为 75 mm$<d$(钻孔直径)$<$100 mm,另一种钻孔直径为 150 mm$<d<$170 mm。前一种钻孔直径的钻机钻杆长 3 m,钻一杆深钻孔效率最高,钻两杆深度,效率还可以,再钻深时效率有所下降,对于这种钻机通常选定台阶高度 H 为 3~7 m;后一种钻机,钻杆长度 9 m,只有两根钻杆,也是随钻孔的深度加深而钻孔效率降低,故通常选定台阶高度 H 为 8~12 m。

要说明的是,有时现场没有 75 mm$<d<$100 mm 的钻机,又不得用大口径(150 mm$<d<$170 mm)的钻机实施低台阶($H<$8 m)的钻孔爆破。

2. 实际抵抗线 w

对于钻孔直径为 75 mm$<d<$170 mm 时,实际抵抗线 w 与台阶高度 H 的经验关系式为

$$w=(0.3\sim0.4)H \quad (3-1)$$

3. 炮孔间距 a

炮孔在平面上分布呈梅花形,相邻 3 个炮孔组成等边三角形。这样的炮孔分布,炮孔间距 a 与实际抵抗线 w 关系式为

$$a=\frac{w}{\sin 60°}=1.15w \quad (3-2)$$

4. 炮孔超钻深度 h_1

炮孔超钻深度 h_1 与台阶高度 H 的经验关系式为

$$h_1=(0.1\sim0.2)H \tag{3-3}$$

5. 炮孔深度 L

对于钻孔直径为 75 mm$<d<$100 mm 的钻孔，通常采取垂直钻孔，其炮孔深度 L 与台阶高度 H 和超钻深度 h_1 的关系式为

$$L=H+h_1 \tag{3-4}$$

对于钻孔直径为 150 mm$<d<$170 mm 的钻机，钻孔倾角通常为 75°，其炮孔深度 L 与台阶高度 H 和超钻深度 h_1 的关系式为

$$L=\frac{H}{\sin 75°}+h_1=1.03H+h_1 \tag{3-5}$$

6. 堵塞长度 h_0

大量爆破工点的许多次实际深孔松动控制爆破实例表明，有足够的堵塞长度与坚实的堵塞质量，可以有效地控制飞石在安全范围之内。堵塞长度 h_0 与实际抵抗线 w 的关系式为

$$h_0 \geqslant w \tag{3-6}$$

对于爆破环境复杂，为了杜绝个别飞石的出现，应进行覆盖防护。切实可行的方法是，用编织袋装土堆码在炮孔口处。有条件时还可以用汽车外轮胎加工成的"炮被"覆盖在炮孔口处，防护效果更好。

7. 炮孔装药量

深孔松动控制爆破能否成功，主要因素之一就是炮孔装药量。炮孔装药量适中，既能有效地控制飞石又能使爆破的岩石松动破碎充分；药量过大，容易出现飞石；药量过小，清方困难。炮孔装药量，在一定条件下，与炮孔爆破方量成正比，其药量计算经验公式为

$$Q=qHaw \tag{3-7}$$

式中，Q 为炮孔装药量；q 是比装药量，俗称单位用药量。比装药量 q 通常为 $0.2\sim0.4$ kg/m³。如何把比装药量选取得符合实际，达到比较理想的爆破效果，经验只有一条，即依靠"试爆"。

8. 起爆技术

深孔松动控制爆破普遍采取塑料导爆管非电起爆方法。针对导爆管非电起爆方法,可以设计多种起爆网路。为使炮孔与炮孔爆破振动不叠加降低爆破振动和微差作用促使爆破岩石破碎,拟采取"同排同段孔外等间隔微差起爆网路"为宜。所谓"同排同段",即同一排炮孔安装同一段毫秒雷管,排与排炮孔最好隔段。所谓"孔外等间隔微差",即同一列炮孔的导爆管并联,然后用同一段别毫秒雷管逐列串联。

下面仅以武(汉)九(江)铁路阳新段既有线扩堑为例介绍铁路既有线扩堑深孔水压爆破。

武九铁路原为单线,为提高其运输能力,即扩能提速,铁道部决定修建复线。中铁十一局集团承担武九铁路阳新县区段 11 km 的复线修建。该区段需要扩堑有两处,一处是里程 K153+250～K153+400,长 150 m,简称 K153;另一处是里程 K155+570～K155+700,总长 130 m,简称 K155。这两处扩堑的地质相同,堑顶覆盖层为黏土,棕黄色,硬塑,局部夹有碎石,覆盖层厚 1～2 m 不等,下伏基岩为泥质砂岩,中风化,岩石中夹土有孤石。

K153 路堑,需要爆破开挖深 3.5～7.32 m。爆破开挖深是指路堑爆破最高点到设计路肩的高度。开挖的横断面如图 3-18 所示,开挖岩石 3 985 m³。

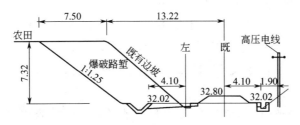

图 3-18　K153 扩堑横断面(单位:m)

K155 路堑,需要爆破开挖深 2.5～6.81 m,开挖的横断面如图 3-19 所示,开挖岩石 4 800 m³。

K153路堑周围环境较好,堑顶左侧紧挨着农田,既有线右侧边坡有高压线,与线路平行,距既有线中心仅 6 m。

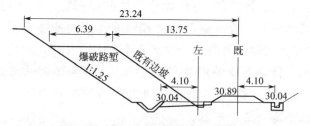

图 3-19　K155扩堑横断面(单位:m)

K155路堑周围环境较复杂,堑顶左侧为塘挽村,民房沿线路走向分布,距离仅为 9 m;K155+714 为既有的公路跨铁路立交桥,堑顶就在桥下。

一、深孔水压爆破方案的选定

1. 对爆破扩堑的七点要求

为了确保行车安全和铁路正常运行,建设单位和监理单位,对施工单位在 K153 和 K155 两处爆破扩堑提出以下七点具体要求。

(1)爆破扩堑必须申请"要点","给点"后方可进行施爆,"给点"时间为 15 min。

"给点"15 min,意味着爆破绝对不能出现较大的事故,否则来不及抢修,将影响列车正常运行。

(2)爆破时,绝对不能出现飞石散落在既有线上或损坏高压线。

(3)爆破时,绝对不能出现岩体坍塌侵线。

(4)为了杜绝飞石和岩体坍塌,爆破必须架设排架和对爆破岩体表面进行覆盖。

(5)爆破时,不能出现飞石散落在农田中,如造成损失,由施工单位赔偿。

(6)爆破时,要确保塘挽村民房的安全,如因爆破飞石或爆破振动造成民房的损坏,由施工单位负责。

(7)爆破时,要确保公路与铁路立交桥的安全,保障塘挽村正常出入。

2. 爆破方案的选定

从爆破安全,即从有效地控制爆破振动和避免爆破的岩体坍塌等方面分析,有人提出采取人工风枪打眼浅孔爆破方法。可实际一打眼,打在土夹层中,土吹不出来;打在孤石之间又卡钎,于是又有人提出打水眼,即边打跟边往炮眼中注水,实际操作表明,这种打水炮眼速度太慢。最后人工风枪打眼浅孔爆破方法被排除。

K153 和 K155 两处扩堑,堑顶覆盖层使用推土机或挖掘机清除后,堑顶很平整,很适合潜孔钻机钻眼,于是我们建议把 1988 年在焦(作)枝(城)复线九里山地段扩堑采取的"既有线扩堑深孔松动控制爆破"方法如法炮制搬来,所不同的是,焦枝复线扩堑使用的是 YQ-150 潜孔钻机(钻眼直径 150 mm),而 K153 和 K155 可以使用手头现有的 YQ100C 架式潜孔钻机和履带蛙式潜孔钻机(钻眼直径 100 mm)。这两种钻机重量轻,移动方便,更适合既有线扩堑爆破。采取深孔松动控制爆破扩堑得到庞守献指挥长和指挥部陶加利书记的认可与支持。作者进而又向他们介绍了近几年来研究成功的"节能环保工程水压爆破",这种爆破新技术不但节省炸药、保护环境,而且比常规深孔松动控制爆破对爆破安全更有保障。最后庞守献指挥长拍板敲定两处扩堑均采取深孔水压爆破。

二、爆破设计与爆破施工

1. 炮眼布置

为了提高爆破岩石的破碎度以及克服岩石夹制作用而不留石坎,对于只有 6.39 m 和 7.5 m 的扩堑宽度,在横断面上以布置 3 个炮眼为一排为宜。

对于 K153 扩堑,同一排炮眼间距 a 取 2.5 m。开挖深 6.5 m 以下垂直布眼,开挖深 6 m 的横断面炮眼分布如图 3-20 所示,开挖深 6.5 m 以上沿边坡倾斜布眼,倾斜角度约为 60°,开挖深 7 m 横断面炮眼分布如图 3-21 所示。

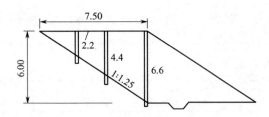

图 3-20 开挖深 6 m 炮眼分布(单位:m)

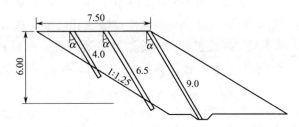

图 3-21 开挖深 7 m 炮眼分布(单位:m)

扩堑不同开挖深度的炮眼参数列于表 3-9。

表 3-9 炮眼有关参数

开挖深(m) \ 炮眼名称 \ 炮眼参数	靠近既有线的外眼			中间炮眼			靠近边坡的内眼		
	排距 b(m)	眼深 (m)	眼数 (个)	排距 b(m)	眼深 (m)	眼数 (个)	排距 b(m)	眼深 (m)	眼数 (个)
2.5~3	1.5	3.3	8	1.5	1.5	8	1.5	1.1	8
3.0~4.0	1.5~2.0	3.3~4.4	7	1.5~2.0	2.2~3.0	7	1.5~2.0	1.1~1.5	7
4.0~5.0	2.0~2.5	4.4~5.5	15	2.0~2.5	3.0~3.6	15	2.0~2.5	1.5~1.9	15
5.0~6.0	2.5~3.0	5.5~6.6	21	2.5~3.0	3.6~4.4	21	2.5~3.0	1.9~2.2	21
6.0~7.32	3.0	6.6~9.0	10	3.0	4.4~6.5	10	3.0	2.2~4.0	10
合计			61			61			61

对表 3-9 要说明的是,排距 b 为梯段高度即开挖深度的 1/2;超钻深为梯段高度的 1/10;表中所列炮眼深度为整数开挖深度,而对于大于整数 0.1~0.5 m 时按高差调整钻眼深,例如表中开挖深 5 m,钻眼深 5.5 m,那么对于开挖深 5.1~5.5 m 时,其钻眼深度以 5 m 为基数,根据高差多少就增加眼深多少。

K155 扩堑可按 K153 同样方法布眼,从略。

2. 装药量计算

每一排三个炮眼爆破方量为横断面面积乘以排距 b，即 $V=Sb$，$S=BH$，B 为扩堑宽度，三个炮眼装药量为 $qV=qBHb$，每个炮眼装药量按钻眼深度之比进行分配，即外眼装药量 $Q_w = \frac{qBHb}{L_w+L_{zh}+L_n} \times L_w$，中间炮眼装药量 $Q_{zh} = \frac{qBHb}{L_w+L_{zh}+L_n} \times L_{zh}$，内眼装药量 $Q_n = \frac{qBHb}{L_w+h_{zh}+L_n} \times L_n$。$h_w$、$L_{zh}$、$L_n$ 分别为外眼、中间眼和内眼深度。

经试验当单位耗药量 q 为 0.15 kg/m³ 时，爆破的岩石松动而不飞散、开裂而不坍塌，故实际爆破 q 取 0.15 kg/m³。

例如图 3-20 所示，$Q_w = \frac{0.15 \times 7.5 \times 6 \times 3}{6.6+4.4+2.2} \times 6.6 = 10.1 \text{(kg)}$，$Q_{zh} = \frac{0.15 \times 7.5 \times 6 \times 3}{6.6+4.4+2.2} \times 4.4 = 6.7 \text{(kg)}$，$Q_n = \frac{0.15 \times 7.5 \times 6 \times 3}{6.6+4.4+2.2} \times 2.2 = 3.4 \text{(kg)}$。

例如图 3-21 所示的斜孔，$Q_w = \frac{0.15 \times 7.5 \times 7 \times 3}{9.0+6.5+4.0} \times 9.0 = 10.9 \text{(kg)}$，$Q_{zh} = \frac{0.15 \times 7.5 \times 7 \times 3}{9.0+6.5+4.0} \times 6.5 = 7.9 \text{(kg)}$，$Q_n = \frac{0.15 \times 7.5 \times 7 \times 3}{9.0+6.5+4.0} \times 4.0 = 4.8 \text{(kg)}$。

不同开挖深每个炮眼装药量列于表 3-10。

表 3-10 炮眼装药量

开挖深(m) \ 炮眼参数	外炮眼			中间炮眼			内炮眼		
	钻眼深(m)	排距(m)	装药量(kg)	钻眼深(m)	排距(m)	装药量(kg)	钻眼深(m)	排距(m)	装药量(kg)
3	3.3	1.5	2.8	1.5	1.5	1.3	1.1	1.5	0.9
4	4.5	2.0	4.5	3.0	2.0	3.0	1.5	2.0	1.5
5	5.5	2.5	7.0	3.6	2.5	4.6	1.9	2.5	2.4
6	6.6	3.0	10.1	4.4	3.0	6.7	2.2	3.0	3.4
7	9.0	3.0	10.9	0.5	3.0	7.9	4.0	3.0	4.8

K155扩堑,其炮眼装药量仍按K153装药量计算方法一样计算。

3. 装药结构

常规深孔爆破,其炮眼装药结构是,先把计算的炸药量全部或大部分(间隔装药)装在炮眼底部,剩余的炮眼深度全部用土回填堵塞。而K153和K155扩堑深孔水压爆破,炮眼装药结构与常规装药结构相比,多了一种东西,那就是水,水的位置处于装药与回填土之间。因为炮眼中多了水,作者称谓这种装药结构为"深孔水压爆破"。

为了充分利用炸药能量,在炮眼中水柱的长度不能太长,即回填土的深度不能太浅,否则会发生"冲炮",出现飞石;如水柱长过短,即回填土太深,水的作用不大。只有炮眼中水柱长与回填土的深度(堵塞长度)在一定的比例下,即最佳比,才能既发挥水的作用又能避免飞石的出现。

炮眼中注入的水柱,是人工放入的,也就是采取普通塑料袋装水的方法,塑料袋直径要与钻眼直径相匹配,在能装入炮眼的前提下,塑料袋直径尽量大些,以水袋与炮眼周壁缝隙越小越好。

4. 起爆网路

起爆网路采取塑料导爆管起爆系统。K153扩堑周围无建筑物,对爆破振动不作重点考虑,故每一排3个炮眼均安装即发雷管起爆,排与排之间串联第5段毫秒雷管。这种起爆网路顾名思义,称为"孔外等间隔控制微差起爆网路"。

炮眼中安装的即发雷管是这样加工的,就是把一普通的火雷管与一根导爆管连接在一起。以前加工这种即发雷管,首先把导爆管一端缠上胶布,然后插入火雷管孔中,最后用雷管钳夹牢,集中加工好了,送到现场。而这次扩堑爆破,工人加工这种即发雷管,是再简单不过了,他们在每个炮眼前,根据炮眼深度和炮眼外连接长度,把导爆管截断,然后导爆管一端插入火雷管孔中,空隙用极短的导爆管塞牢,最后把这种即发雷管插入药卷中作为起爆药卷。工人这种加工即发雷管比之以前少了一种工具和一种材料,又不浪费导爆管,而加工速度又快。炮眼外连接并联的第5段毫秒雷管,工人也不用胶布绑扎,而把导爆管拉细作为胶布来绑扎,绑得既快又牢。工人中蕴藏着智慧和聪明呀。

K155扩堑,为了保障民房安全不被震损,内眼安装第3段毫秒雷管,中间炮眼为5段,外眼为7段,排与排间隔7段,如图3-22所示,这种起爆网路称为"同列同段孔外等间隔控制微差起爆网路"。

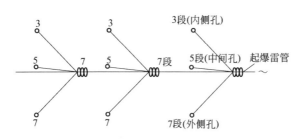

图 3-22　起爆网路

这种起爆网路,除了给外眼创造临空面以外,更重要的是,对保障民房不被震损更有利。在此与读者商榷一个小问题,假如有一长条爆破区,一端离建筑物最近,另一端最远,为了保障爆破振动波不叠加,应从离建筑物最近的一端药包先起爆,然后按照一定的间隔时间逐渐向另一端起爆。图3-22起爆网路就基于这种分析。

5. 安全防护

铁路既有线爆破扩堑,保障既有线的安全至关重要,所以要精心设计、精心施工,而安全防护必不可少。

铁路既有线爆破扩堑有关安全规定,爆破施工必须架设防护排架以防飞石和爆破的岩石坍塌。鉴于此,武九铁路指挥部要求K153和K155扩堑必须架设排架。作者认为这一规定和要求是正确的。但也要具体问题具体分析,不能千篇一律,类似K153和K155的扩堑,不必架设防护排架,其理由是扩堑开挖不太高,边坡较缓,只要在爆破设计和施工中保障爆破的岩石松动而不飞散、开裂而不坍塌,不架设排架也能保障既有线安全。作者的这一想法得到庞守献指挥长、陶加利书记的理解与支持,但武九指挥部非坚持架设排架不可,否则不允许施工。庞指挥长出于无奈只好照办。K153扩堑第一次爆破,武九指挥部领导来了,监理也到场,他们目睹了爆破全过程,爆破时无飞石、无硝烟、无坍塌,而爆破的岩体全部开裂松动,架设的排架形同虚设。指挥部领导对爆破效果很满意,他脱口而出:"这才是真正的深孔松动控制爆破!"在这样安全爆破下,他们默认了,往下的爆破架设排架与否,由施工单位自行决定。以后的爆破扩堑再也没有架设排架了。

为了防止冲炮出现飞石,对爆破体的表面没采用"炮被"(汽车轮胎加工制成)覆盖,而是采取编织袋装土压在炮眼口处,每个炮眼压4个,成"井"字形。

三、爆破效果

K153和K155爆破扩堑施工特点是完全按照设计进行钻眼和装药的。K153扩堑设计和实际钻眼183个,总装药量600 kg,放了4次炮,最大一次起爆了51个炮眼。K155钻眼165个,总装药量720 kg,最大一次起爆了57个炮眼。两处扩堑单位用药量均为0.15 kg/m^3。

两处爆破扩堑,从钻眼到清方以及刷边坡,进行了机械施工,钻爆与清方平行作业,施工效率高。K153扩堑于2004年5月上旬施工的,只用了9个工作日就完成了任务。K155扩堑于6月中下旬施工,用了12工作日。

每次爆破都出现了"三无"现象,即无飞石、无烟尘、无坍塌,不但保障了既有线与民房的安全,而且避免了爆破粉尘对农田和村庄的污染。

村民评价K155爆破振动时说:爆破振动还不如火车通过时震动大、时间长。

挖掘机清方比较方便,清到设计标高后,除有四五十方大块和孤石外,清方还可直接填筑路堤。图3-23为K153扩堑爆后渣堆。

有个别的边脚外眼爆破没波及到,进行了适当补爆。

边坡采取挖掘机刷坡,平顺整齐。

图 3-23　K153 扩堑工点爆堆[①]

四、结　　论

铁路既有线爆破扩堑,采取深孔水压爆破与人工打眼浅孔爆破相比,前者可以实现机械化施工,施工效率高,施工进度快,不但能确保既有线安全,而且可以确保工期。

铁路既有线爆破扩堑,当边坡较缓(45°以下)、开挖深度较浅(10 m 以下)时,只要设计和实施的爆破达到"岩石松动而不飞散、开裂而不坍塌"的目的,只要对爆破岩体进行覆盖防护,可以不架设排架防护。

K153 和 K155 实际爆破扩堑证明,采取深孔水压爆破与以往常规深孔松动控制爆破相比,不但节省炸药、保护环境,而且爆破岩石块度小、均匀,有利于清方。

---

① 照片中,左为本书第一作者何广沂;右为本书作者之一徐凤奎;中为庞守献,时任中铁十一局集团武九铁路扩能工程指挥部指挥长,K153 工点爆破扩堑没过几天,他因劳累过度,英年早逝。本书选这张照片,是对庞守献同志的怀念。

第六节　高速公路既有线扩堑深孔水压爆破

沪杭甬高速公路拓宽工程由原来双向四车道扩宽为双向八车道。一、二期工程已建成通车。三期工程计划于2004年10月开工建设,2007年年底竣工。三期工程起点为上虞沽渚枢纽(里程为K60+600),终点为宁波段塘互通(里程为K140+200),全长79.6 km。

三期工程中余姚境段全长12.9 km,起点里程为K81+100,终点里程为K94+000。在全长12.9 km中拓宽路堑开挖土石方30多万 m³,需爆破开挖石方30万 m³,主要集中在K85+380～K86+240段中,拓宽长为860 m,是三期工程中的重点、难点工程。

该扩堑工点显著的特征是坡高方量大而集中,边坡高60 m、长100 m,在线路长860 m范围内集中扩堑爆破石方量为30万 m³。

针对该扩堑工点地形地质等特征,实施了无隔墙、无侧向排架防护的"深孔水压爆破",自2005年3月6日开始实施第一次爆破至2006年6月26日最后一次爆破,经过15个月零20天,历经55次爆破,顺利安全地爆破了30万 m³,提前完成了扩堑任务。

本节仅就该高速公路既有线高边坡大方量爆破扩堑为例介绍无隔墙、无侧向排架防护的"深孔水压爆破"。

一、爆破扩堑工程概况

1. 地形与工程量

爆破扩堑工程位于五藏吞山的左侧,由两个山头组成,其爆破施工里程为:

左侧:K85+380～K85+572,长192 m,爆破方量4.28万 m³;K85+723～K86+240,长517 m,爆破方量16.79万 m³。

右侧:K85+360～K85+551,长191 m,爆破方量0.97万 m³;K85+760～K86+240,长480 m,爆破方量7.96万 m³。

上述四处均为石质边坡路堑,设计向外侧拓宽。左侧边坡最大开挖高度为 60 m,最长坡面长达 100 m。右侧最大开挖高度为 15 m。K85+330～K85+590 以及 K85+090～K85+850 段原坡率为 1∶0.75,坡角设有一级挡墙及 2 m 高的防护网,边坡为浆砌片石护坡。K85+850～K86+100 段岩层较破碎,节理裂隙较发育,原设计有二级挡墙和防护网防护,一级挡墙高 10 m,二级挡墙高 5 m,两级墙之间平台宽 10 m,原边坡坡率为 1∶1,无防护。

拓宽部分岩体大都为上大下小中间薄的形状,其中扩堑底部开挖宽度为 6.75 m,上部最大开挖厚度为 15 m,最小开挖厚度为 3 m,见图 3-24。

在 K85+830 处一级挡墙顶部有一裸露岩体,长 4 m＞高 2.5 m,岩层节理倾斜向下,直对高速公路方向,时时危及行车安全,施工时必须首先清除掉。

2. 地质概况

四处路堑扩堑的地表覆盖层较薄,约 0.5 m 厚,多数岩石裸露,石质为花岗片麻岩,石质坚硬,部分岩石较破碎,节理裂隙较发育,无地下水。

3. 周围环境

高速公路位于五藏岙村左侧,与村平行穿过。高速公路南侧山包下 K85+900～K86+200 距离内从西到东,40 m 以外均为密集的居民房,西侧山头下方有一村公路与高速公路横穿而过,交叉里程为 K85+320,距被爆破山体很近。爆破区周围环境如图 3-25 所示。

二、对爆破扩堑的要求与规定

该工程施工前,有关部门和单位对爆破扩堑提出了以下要求与规定。

1. 确保工期

在 K85+380～K86+240 长 860 m 的范围内扩堑爆破开挖石方 30 万 m^3,开工定为 2005 年 3 月 1 日,爆破施工结束定为

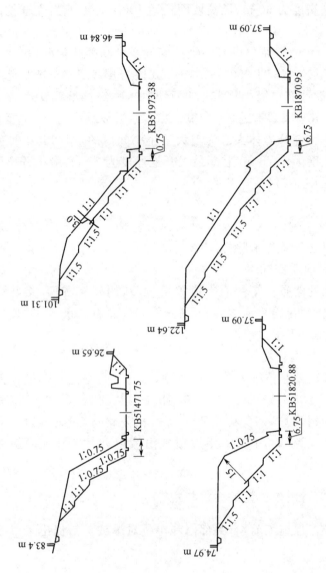

图 3-24 典型横断面

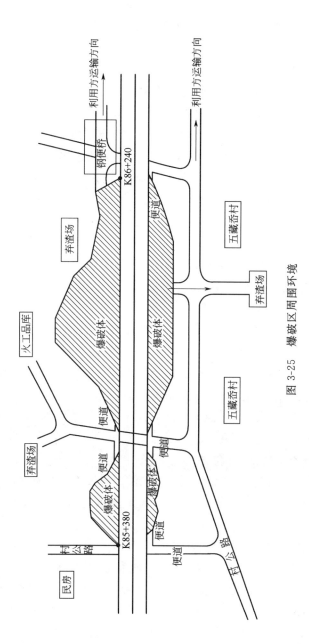

图 3-25 爆破区周围环境

2006年6月30日,在一年零四个月的期限内必须完成任务。

2. 对爆破质量的要求

对爆破后的岩石块度要符合填筑路基的要求。爆破后边坡要平顺整齐,为护坡施工创造有利条件。

3. 确保高速公路正常运行和行车安全

沪杭甬高速公路余姚境段,来往汽车太多,行车密度极大,爆破施工必须保障行车正常运行。除爆破(起爆)按规定日期和时间给点外(封锁运行),绝不可因施工阻止汽车正常运行,否则塞车量太多,不但影响运输,而且还会造成不好的社会影响。

爆破给点,每周最多一次,每次封锁线路(交警组织指挥)不得超过规定的 15 min。

清方过程中不得有石块侵入行车线路内,施工机械更不能侵线,以免发生行车事故,危及行车安全。

4. 确保周围环境安全

爆破对周围环境的安全,主要是要注意高速公路右侧的五藏畲村的安全。该村民房不但年久失修,而且距离爆破区比较近,个别民房离爆破区还不足 40 m。要确保五藏畲村的安全,必须有效地控制飞石、有效地控制爆破振动效应,尤其后者更为重要。除此之外,为了不干扰村民的正常生活,爆破时应尽量避免粉(灰)尘对村庄的污染。

5. 爆破应进行防护

为了确保高速公路运行正常和行车安全,有关部门则令施工单位爆破必须进行安全防护。具体要求是应实施排架防护和对爆破的岩体表面进行覆盖防护。

如图 3-26 所示,排架防护作者在实施电气化铁路既有线爆破扩堑中已总结出成功的经验,能有效地控制个别飞石,杜绝打断电接触网。铺设钢管排架,尽管费时、费力、费材料,但对电气化铁路既有线爆破扩堑是必须的,只有这样才能保障电接触网不被损坏或被打断,只有这样才能保障线路正常运行和行车安全。但对高速公路爆破扩堑非铺设排架不可吗?将在本节找到答案。

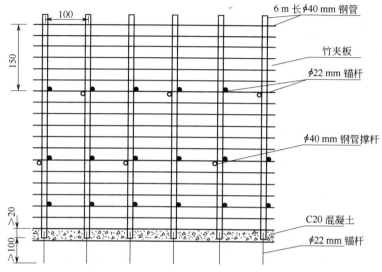
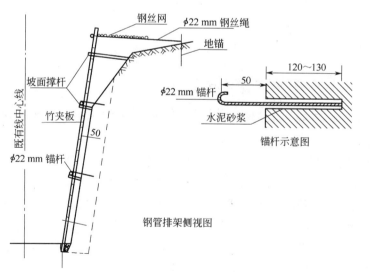

(a) 架设的钢管排架

图 3-26 钢管排架

对爆破岩体表面的覆盖防护，常采取草袋、竹笆与布鲁格网复合材料进行覆盖。我们在电气化铁路既有线爆破扩堑中采用如图 3-27 所示的用汽车外胎加工成的"炮被"进行覆盖，取得了很好效果。高速公路爆破扩堑应采取什么覆盖方法？答案见后。

图 3-27 "炮被"覆盖

三、选取爆破扩堑最佳方案

对该高速公路爆破扩堑选取最佳方案，就是选取最佳爆破方法或爆破种类。最佳爆破方法或最佳爆破种类，是根据本扩堑工点地形、地质、工程量和周围环境；对爆破施工的基本要求与规定；施工单位施工技术水平与能力等综合考虑而确定的。

在分析非爆破方法对本工点扩堑不可取的前提下才选取爆破扩堑最佳方案。对于非爆破扩堑，目前有两种方法：一是静态破碎剂方法，但对本扩堑工点方量如此之大、如此之集中，而工期又相对比较短，如采取静态破碎剂方法，工期既得不到保障而费用又高，是不可取的；二是机械方法，即采用液压锤冲击破碎岩石，对本扩堑工点是不适用的，因为方量大费用太高。

关于爆破扩堑,基本有以下两种爆破方法。

1. 人工风枪打眼浅孔爆破

对本扩堑工点如采取人工风枪打眼浅孔爆破,最有保障的是能有效地控制爆破振动效应,确保五藏岙村民房的安全,此外能有效地控制爆破的坍塌不侵线,保障公路运行正常。但对本扩堑工点集中了30万 m^3 岩石,要在16个月完成爆破与清方,就得需要数十支风枪同时打眼,每一支风枪是一处粉尘产生源,数十支风枪数十处粉尘产生源,环境污染太厉害,施工作业人员承受不了,五藏岙村老百姓也会有意见。即便如此,由于浅孔爆破至少每天爆破一次,这与封锁高速公路有限日期很有矛盾,极大影响高速公路正常运行,社会影响不好;打眼放炮清方三者周而复始,衔接时间长,影响施工进度;起爆器材用量大,爆破费用相对提高;最大问题是不能实现机械化施工,工期没有保证。

2. 钻机钻眼深孔爆破

作者对"深孔"的定义,不单纯指孔的深度,而是采取钻机钻眼的炮眼称为"深孔"。

作者的实践证明,由于"深孔爆破"可以实现机械化施工,虽本扩堑工点方量大、方量集中而工期又短,经分析采取深孔爆破完全可以保证工期,而且要比静态破碎剂方法、机械方法费用低得多,也比浅孔爆破费用低。但深孔爆破与浅孔爆破相比,一般来说,后者相对安全。这里所指的安全是指个别飞石、爆破振动和岩石坍塌。所以本扩堑工点如采取深孔爆破,从安全角度分析不如浅孔爆破。而作者在深孔爆破的基础上研究开发的"深孔松动控制爆破"经大量实际爆破证明可以达到浅孔爆破那样安全。

深孔松动控制爆破中的"松动",是指爆破的岩石松动而不抛散;"控制",是指有效地控制飞石、有效地控制振动和有效地控制坍塌。

在深孔松动控制爆破的基础上,作者又研究开发成功了"深孔水压爆破"。后者不但具有节能环保作用,而且减少了每个炮眼的装药量,相对降低了爆破振动,更有效地控制了爆破振动效应。

综上所述,本工点扩堑,"深孔水压爆破"是最佳的爆破方案。

四、爆破设计

在台阶高度选定、炮眼参数选择与计算、炮眼装药量计算和起爆网路设计等方面,深孔水压爆破与深孔松动控制爆破是完全一样的。所不同的仅仅是炮眼装药量和装药结构不一样,即对深孔松动控制爆破计算的炮眼装药量减少 20% 左右作为深孔水压爆破炮眼装药量;往炮眼中一定位置注入一定量的水;用含有一定水分的土回填堵塞炮眼。所以深孔水压爆破设计与深孔松动控制爆破设计一样。

下面仅以高速公路 K85+380~K85+572 左侧扩堑工点(简称 1 号工点)为例来介绍爆破设计。

1. 台阶高度的选定

四处扩堑工点,其中高速公路右侧(线路方向杭州至宁波)两个扩堑工点,其扩堑最大高度为 15 m,故分两层爆破开挖,即台阶高度为 7.5 m。高速公路左侧两个扩堑工点,其扩堑最大高度为 60 m,故分六层爆破开挖,即台阶高度为 10 m。1 号扩堑工点,最大扩堑高度为 50 m,故分五层爆破开挖,即台阶高度为 10 m,如图 3-28 所示。

2. 炮眼布置

炮眼布置,包括炮眼平面分布及空间分布。空间分布是指炮眼深度与倾斜角度。

炮眼布置是按照本章第五节介绍的公式(3-1)至(3-6)为依据并考虑开挖(扩堑)宽度的宽与窄。由于台阶高度已确定,即 H 为 10 m,按照公式(3-1)选取 $W=b=0.3H=3$ m,为避免大块,实际取 $b=2.5$ m,炮眼间距按照公式(3-2)计算,$a=3.45$ m,而开挖宽度普遍为 6~10 m,故沿线路垂直方向仅能布置 2~3 个炮眼,其炮眼间距 a 为 2.5~3 m。

首先布置外侧炮眼,沿线路走向取排距 b 为 2.5 m 布置一列炮眼,然后与外侧炮眼相距 2.5~3 m 梅花形布置一列中间炮眼,如开挖宽度允许,最后再布置一列内侧炮眼。

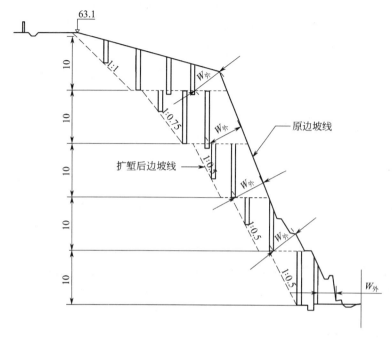

图 3-28　K85+380～K85+572 段典型横断面及炮眼分布（单位：m）

外侧一列炮眼定位准确与否事关重要，如太靠近原边坡，极易出现爆破坍塌；如过于远离原边坡，岩石爆破块度大、松动效果差。所以应有准则约束，即向外侧临空面方向的抵抗线 $W_{外}$，如图 3-28 中所示，要大于排距 b。

无论是外侧一列炮眼和中间一列炮眼还是内侧炮眼，均为垂直钻眼。外侧一列炮眼和中间一列炮眼，其超钻深 $h_1=0.1H=1$ m。如有内侧一列炮眼，其炮眼底落在扩堑后边坡线上即可。1号扩堑工点典型横断面上炮眼分布如图 3-28 所示。

3. 炮眼装药量计算

按照公式(3-7)，每个炮眼装药量 $Q=qabH$。对于外侧一列炮眼和中间一列炮眼，$H=10$ m，$a=2.5\sim3.0$ m，$b=2.5$ m，暂取 q 为 0.45 kg/m³，则 $Q=0.45\times2.5\times2.5\times10\sim0.45\times2.5\times3\times10=22.5\sim33.75$ (kg)。

内侧一列炮眼,通常炮眼深 4 m 左右,如按此计算,则所谓的台阶高为 3.5 m,则每个炮眼装药量 $Q=0.45×2.5×2.5×3.5=9.8(kg)$。

深孔水压爆破,每个炮眼装药量比深孔松动控制爆破减少约 20%。这样计算的结果,外侧与中间的炮眼装药量为 18~27 kg,内侧炮眼装药量为 7.84 kg。

4. 起爆网路设计

起爆网路为塑料导爆管非电起爆系统。

仅以外侧、中间和内侧三列炮眼为例,两列炮眼更简单,其起爆网路设计为中间一列炮眼均装同一段毫秒雷管,内侧一列炮眼也装同一段毫秒雷管,但要比中间的一列炮眼高两个段别,外侧一列炮眼如同内侧与中间一列炮眼一样也装同一段毫秒雷管,但要比内侧高出两个段别,炮眼外用同一段别毫秒雷管把每一排炮眼伸出的导爆管并联后串联,炮眼外同一段毫秒雷管段别可以选择与外、中、内一列炮眼相同段别。如图 3-29 所示,是常设计的这种起爆网路的一种,我们称这种起爆网路为"同列同段炮眼外等间隔控制微差起爆网路"。

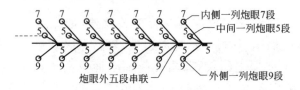

图 3-29 同列同段等间隔微差起爆网路

5. 爆破振动检算

1 号扩堑工点距离五藏香村 70 m 以上,采取"同列同段炮眼外等间隔控制爆破",经爆破振动速度检算,爆破振动在安全范围之内,即振动速度小于 1 cm/s。而对其扩堑工点左侧下方相距 49 m 的民房爆破振动安全与否,需进行检算。采取如下爆破振动速度公式进行检算:

$$v=K\left(\frac{Q^{1/3}}{R}\right)^{\alpha}$$

式中,K 取 160,α 取 1.7,Q=27 kg,R=49 m,经计算 v=1.39 cm/s。

民房在 1 号扩堑工点的下方,同样距离有利于减振,故其振动速度比 1.39 cm/s 还要小,根据最近执行的爆破振动安全规定,民房是安全的。

五、爆破施工

1. 实际单位用药量的确定

在本节爆破设计有关炮眼装药量计算中提到单位耗药量 q 值暂取 0.45 kg/m³,而实际爆破到底是多少?作者多年的实践经验是靠"试爆"来确定的。在本扩堑工点,确定 q 值的标准,前面已述及,要使爆破的岩石松动而不飞散并有效地控制岩石坍塌。所谓"有效地控制岩石坍塌",不是指杜绝爆破的岩石整个坍塌下来造成不能正常行车,而是允许台阶顶上部分岩石翻滚下来,并可在线路封锁 15 min 内清除干净,不影响正常行车。要达到这样的要求,必须使爆破的岩石有一定的垂直位移,这样清方才比较方便。经试爆,达到这样的要求,q 值应为 0.5 kg/m³,故深孔水压爆破取 q 值为 0.4 kg/m³。

2. 实际安全防护方法

在本节述及的扩堑爆破要求与规定中第五条讲到爆破应进行防护,即架设钢管排架,并对爆破岩石表面进行覆盖防护。

对于铁路既有线尤其电气化铁路既有线爆破扩堑,必须进行上述防护方法,因为电气化铁路有电接触网,不得有个别飞石打在电接触网上,而对于非电气化铁路,虽然无电接触网,但像电气化铁路一样,线路上的道砟与扩堑边脚几乎相连或仅以水沟相隔,如不按上述方法防护,尤其是在不架设钢管排架时,一旦出现岩石翻落下来,则无法使用机械清除,而人工清除在规定时间内又完不成。

高速公路既有线扩堑与铁路既有线扩堑条件变化很大,公路面无道砟,而且行车线路距扩堑边脚距离较大,即使出现岩石翻落下来,机械也能在规定时间内清完,不影响线路正常运行,所以毋须架设钢管排架;高速公路无电接触网,如出现个别飞石,对线路影响不大,所以没有必要对爆破岩石表面进行竹笆、草袋、布鲁格网复合覆盖,也没有必要采用汽车轮胎加工成的"炮被"覆盖。实际爆破中仅采用了编织袋装土堆码在炮眼口处的覆盖方法。通过实际爆破,这一改变得到了有关部门的认可,节省了大量的人力与物力。

3. 布眼钻眼装药爆破

1号扩堑工点,实际布眼所取的炮眼参数和计算与爆破设计一样。五层爆破开挖,每层爆破炮眼参数、一次起爆破眼数量、装药量和爆破方量见表3-11。

表3-11 1号扩堑工点爆破参数表

层数(自上而下)	里程	台阶长(m)	台阶高(m)	炮眼深(m)	炮眼数(个)	钻眼延米(m)	$b×a$(m)	装药量(kg)	爆破方量(m³)
1	K85+460~K85+515	55	10	4~11	64	425.7	2.5×3	957	2 713
2	K85+420~K85+540	120	10	4~11	80	684.5	2.5×3	1 774	4 534
3	K85+390~K85+560	170	10	4~11	102	821.1	2.5×3	2 038	5 393
4	K85+380~K85+570	190	10	4~11	238	1346.9	2.5×2.5	2 707	6 931
5	K85+360~K85+580	220	10	4~11	251	1722.8	2.5×2.5	3 943	9 199
合计					735	5 001		11 419	29 070

要指出的是表3-11中孔网参数($b×a$)是钻眼深5~11 m时所取的数值,钻眼深5 m以下时可适当缩小。

平面布眼首先布外侧炮眼,必须量测定好位置才能钻眼,以保障向外侧临空面的最小抵抗线$w_{外}$>排距b。钻内侧炮眼也要定好位置并确定好钻眼深度再钻眼,避免超欠挖或影响爆破后边坡的稳定。

所有炮眼均采用KSZ90型气液联动潜孔钻机,俗称架式钻机钻垂直炮眼。每钻完一个炮眼,钻机暂不要移位,待测量深度达到设计要求后再移位,否则应继续加深。

使用的主要炸药是乳化炸药,其药卷规格为直径70 mm、长34 cm、重1.5 kg。

每一个炮眼,应先往炮眼底装一个水袋,水袋长30 cm、直径85 mm,然后装炸药,随之再装水袋,最后用含有一定水分的土回填堵塞。图3-30分别为炮眼深4 m与11 m的装药结构。

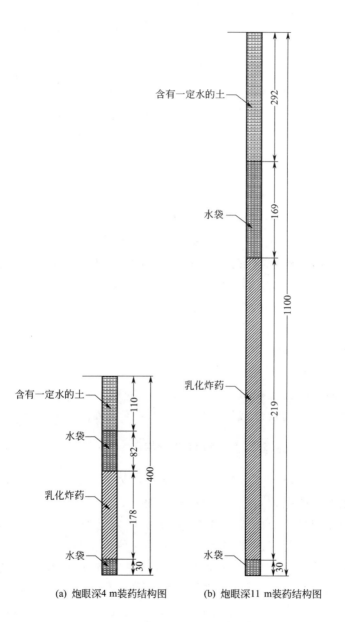

图 3-30 炮眼装药结构(单位:cm)

要特别指出的是,炮眼中上部水袋长与含有一定水分的土长之比必须小于或等于3∶4,并用编织袋装土堆码在炮眼口处,以防止"冲炮"。

对于深4～11 m的炮眼,往炮眼底部装水袋时,水袋如自由垂直下落则可能被撞破,为此,工人们巧妙地采用绳索系下去,然后又把绳索从炮眼中抽出来重复使用。炮眼底部装好了水袋,靠近水袋的那卷乳化炸药也如法炮制送入炮眼中。装好药之后,炮眼中上部水袋也用绳索系下去。炮眼最后用含有一定水分的土回填堵塞,要边回填边捣固坚实。

1号扩堑工点分五层爆破开挖,五次起爆网路的铺设与图3-29基本一致。起爆网路为单式网路,即炮眼中单雷管起爆炸药,炮眼外单雷串联,最后用导火索点火起爆。

起爆网路连接好之后,立即派出警戒人员到高速公路两侧100 m以外警戒。在高速公路两头距爆破点150 m以外由交警封锁线路,当交警发出起爆指令后立即点火起爆。起爆过后,一边检查有无哑炮,一边对翻落下来的岩石进行清除,在15 min内就能结束"战斗"。

4. 挖装运机械

使用两台挖掘机和4～6台15 t的倾卸汽车进行挖、装、运。爆破时使用两台装载机清除爆破时翻落下来的石方。

六、爆破效果与主要技术性能指标

每次爆破几千方到上万方,爆破后岩石松动破碎并有部分方量翻滚到线路上,挖、装、运比较方便。

爆破后岩石破碎比较均匀,基本符合填筑路基要求,其中大块石方未进行二次爆破,作为弃方清运到弃渣场。

每层台阶爆破后,立即用挖掘机刷边坡,刷好后的边坡平顺整齐,为边坡护边施工创造了良好条件。

爆破时个别飞石被控制在20 m范围以内,并有效地控制了爆破振动。如此多次爆破确保了五藏岙村及附近民房的安全。

爆破时虽有部分岩石翻滚到线路上,但在规定时间内都能清除完,确保线路行车正常运行。

本扩堑工点取得如下技术成果指标:

1. 实际单位用药量

对于本扩堑的地质,深孔松动控制爆破实际单位用药量接近 $0.5~kg/m^3$,而深孔水压爆破实际用药量为 $0.4~kg/m^3$,两者相比节省炸药 20%。

2. 准爆率

前后数十次爆破,准爆率为 100%。这有力地说明导爆管非电起爆系统生产质量最佳,也反映操作工人认真细致的工作作风。

3. 个别飞石

个别飞石被控制在 20 m 范围以内。

4. 爆破振动

深孔水压爆破相对深孔松动控制爆破少装 20% 的炸药,又采取一样的起爆网路,所以爆破振动相对降低(据重庆校场口露天爆破开挖实测,爆破振动速度降低了 21%)。

5. 粉尘浓度

经现场实际对比,深孔水压爆破与深孔松动控制爆破相比,粉尘浓度大大降低(据校场口露天爆破开挖实测,粉尘浓度下降了 92%)。

6. 机械化施工程度

整个爆破施工,除布炮眼、装水袋与炸药、回填堵塞外,全部实施机械化施工,机械化施工程度很高,达到 98%。

7. 劳动生产率

整个爆破施工工期 15 个月零 20 天,经统计核算,劳动生产率为 40 m^3/(人工·天)。

七、认识与体会

1. 安全防护

对于电气化铁路既有线爆破扩堑,实际爆破证明以及"电气化铁路既有线爆破扩堑工法"(国家线工法)规定,必须架设钢管排架作为防止个别飞石的最后防线,以防止个别飞石打断或损坏电接触网。从钢管排架防止个别飞石这种作用分析,高速公路无电接触网,即便出现个别飞石对线路几乎无影响;从钢管排架防止坍塌或翻落石方侵线的作用分析,铁路既有线爆破扩堑如出现这种情况,机械不能上路清方,而人工清除又慢,影响了线路正常运行。而高速公路则不然,线路上既无道砟又有一定位置的作业面,机械可以上路,在规定时间内可以清除完。所以从钢管排架作用分析可知,对于高速公路既有线爆破扩堑毋须进行钢管排架防护,节省了大量的人力与物力,相应地降低了爆破费用。

2. 实际单位用药量的确定

实际单位用药量的大小,取决于安全与施工。在保障安全的前提下,尽量做到快速施工,这样才能有较好的经济效益。对于爆破施工,施工速度的快慢,主要取决于清方的快慢。所以在本扩堑工点,在保障安全的前提下,尽量选取比较大的单位用药量,使爆破的岩石不但松动破碎还有一定的垂直位移,甚至还有部分岩石翻落到线路上。只有这样,挖掘机挖装才方便、快速,才能保障工期。

3. 选取钻机

虽然国产的与进口的有各种类型钻机,但对该高速公路高边坡大方量爆破扩堑究竟选择哪种钻机比较好呢?当然应选履带式钻机为好,因为工作效率比较高而且还有降尘设备。可是履带式钻机几十万甚至上百万一台,该工点扩堑需要两台,这样一次投入太大。于是施工单位决定选用架式 KSZ90 型气液联动钻机 4 台,才 20 万元左右,实践证明完全能胜任该工程的需要。

我们认为,对于高速公路既有线爆破扩堑,如采取深孔爆破,应选用架式钻机为宜,不但经济而且搬运方便,也不需要像履带式钻机要修工作便道。

4. 起爆规模

对于高速公路既有线施工,为了不影响线路正常运行,应尽量避免或减少封锁线路和缩短封锁时间,这对沪杭甬高速公路尤为重要,因为该高速公路车流量太大,否则也不会由原先双向四车道扩宽为双向八车道。但对高速公路既有线爆破扩堑,在爆破时又不得不封锁线路。前面已述及,如采取人工风枪打眼浅孔爆破,几乎每天都要爆破,那么天天封锁线路,这样太影响线路正常运行,是不允许的,所以这种爆破方法不可行。但是采用深孔爆破也不能隔三差五地封锁线路,我们的经验是,每周至多爆破一次,爆破几千方上万方是可以做到的,进而每月爆破 2~3 次也是可以做到的。

5. 封锁线路 15 min

爆破时,扩堑工点高速公路两头由交警全权负责封锁线路,很有权威性,次次爆破均能顺利进行。

封锁线路的 15 min 是从起爆开始到线路开通为止。15 min 之内点火起爆、检查有无哑炮和完成机械清除翻落石方。实际爆破证明,15 min 完成上述三件工作,时间是允许的。

6. 技术水平

经调查了解和科技查堑(国内外),国内无论是铁路既有线还是高速公路既有线石方扩堑大多数采取人工风枪打眼浅孔爆破,仅焦(作)枝(城)铁路和武(汉)九(江)铁路等少数几条铁路既有线石方扩堑等采取了深孔爆破,但边坡比较低,方量小,可比性不强。而对于类似沪杭甬高速公路 303 合同段,即 K85+380~K86+240 高边坡大方量石方扩堑,还没有采取深孔爆破技术的先例,更没有采取过无隔墙、无侧向架排防护的"深孔水压爆破"实例。国外也没有类似该扩堑工点爆破的实例。该项技术为今后类似工程提供了成功经验。

该扩堑工点采取的深孔水压爆破与深孔松动控制爆破相比,爆破振动小有利于边坡稳定与民房安全,爆破后岩石破碎均匀,有利于清方并满足填筑路基的要求。更重要的特点是节省炸药和大大降低爆破后的粉尘浓度,堪称"节能环保"爆破。

该扩堑工点,开辟了高陡边坡无排架防护的先例,节省大量物力、人力和财力，经计算节省排架防护费约240万元。

该扩堑工点由于采取无隔墙爆破，相对扩大了爆破施工工作面，提高了施工效率，创造了 40 m³/（人工·天）最高的劳动生产率。

该扩堑工点由于采取深孔水压爆破，与深孔松动控制爆破相比，节省炸药费用25.8万元。

"高速公路高边坡大方量扩堑深孔水压爆破技术"通过了专家技术评审，现将评审意见抄录如下。

《高速公路高边坡大方量扩堑深孔水压爆破技术》评审意见

2006年10月28日，由中国铁道建筑总公司组织专家（见附件）对中铁十三局集团有限公司完成的"高速公路高边坡大方量扩堑深孔水压爆破技术"项目进行了技术评审。评审会审阅了有关技术资料并听取了项目完成单位对该项目研究与应用成果的介绍，然后由完成单位对专家提出的质疑进行了答疑，最后通过认真的讨论并取得了一致意见形成以下评审意见。

一、该项目是依据中国铁道建筑总公司科技研究计划项目合同"高速公路高边坡大方量扩堑深孔水压爆破技术"（合同编号05-04A）实施的。完成单位所提供的技术评审资料齐全，数据准确可靠合理先进，已完成了项目合同的研究内容，达到了预期成果目标，完全符合科学技术成果评审的条件与要求。

二、该项目应用工点——沪杭甬高速公路余姚市境内扩堑工点，边坡高达百米，在扩堑长860 m的范围内集中石方30万 m³，是目前国内同类工程中规模最大的扩堑石方控制爆破工程。

三、针对该工点扩堑工程边坡高方量大，并地处交通十分繁忙的沪杭甬高速公路，需保障行车正常运行与周围民房设施安全等特点，所采取的无侧向防护、无隔墙的深孔水压爆破是对以往类似工程有侧向防护或有隔墙法的突破与创新，加快了施工进度，创造了国内外同类工程最高的劳动生产率〔40 m³/（人工·天）〕，在国内外尚属首例。

四、深孔水压爆破技术第一次在高速公路既有线扩堑中得到应用,占常规深孔爆破相比,节省炸药20%,并具有显著的减震与降尘效果,起到了节能环保的作用。

五、该扩堑工点采取的爆破技术,具有显著的经济效益,共节省防护与炸药费260多万元。

综上所述,该项技术在同类工程中具有国内领先、国际先进水平。建议完成单位适时写出相应的工法,以便在类似工程中推广。

第四章 设 备

加工制作炮泥的"炮泥机"和往塑料袋自动注水与自动封口的"封口机",是实施"隧道掘进水压爆破"的基本保障。如没有这"两机",不要说普遍推广"隧道掘进水压爆破",就是推广试点也难以开展。既然"两机"对实际应用"隧道掘进水压爆破"有如此重要作用,所以熟悉掌握"两机"工作原理、使用与维护方法十分必要。为此本章重点介绍"两机"工作原理和使用与维修方法。此外对实施"隧道掘进水压爆破"必须具备的工具也做一简单介绍。

第一节 炮 泥 机

20 世纪 70 年代末,作者在东北大兴安岭塔(河)十(八站)铁路支线永安隧道进行塑料导爆管非电系统在国内第一个应用试验时,看到我们铁道兵战士背着装有土的竹筐进洞,再用土回填堵塞炮眼。由于炮眼深 2 m,而且又是分步爆破开挖,一次起爆炮眼数量不多,人们对炮眼用土回填堵塞习以为常。可是到现在,时间过去了 20 多年,居然炮眼无回填堵塞了。炮眼无回填堵塞所带来的负面作用,为什么至今迟迟解决不了呢?作者苦思冥想找到了一条客观理由,那就是现在炮眼打得深了,都在 4～5 m 左右,如用以往的土回填堵塞,工作量太大,费工费时,影响施工进度,所以人们宁愿浪费炸药,也不要影响施工进度。炮泥机的研制成功就解决了这个矛盾。

要说明的是,炮泥机的诞生是在研究开发"隧道掘进水压爆破"之前,它是作者研究开发"隧道掘进水压爆破"的必要条件,是普遍推广"隧道掘进水压爆破"的根本保障。

一、炮泥机结构与工作原理

1. 主要结构

由中铁西南科学研究院研制成功的 PNJ-1 炮泥机主要结构和原理如图 4-1 所示,是由电动机、减速器、料斗、料斗架、立式螺旋搅拌输送系统、卧式螺旋输送成形系统、电气控制箱、接料台(包括炮泥切刀)和工作台等组成。立式螺旋搅拌输送系统和卧式螺旋输送成形系统分别由一台电动机带动。

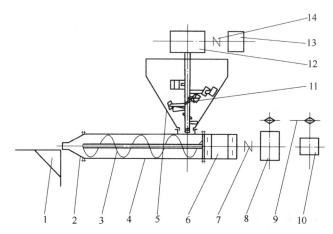

图 4-1 炮泥机主要结构及原理图

1—接料台;2—成形器;3—螺旋;4—输送器;5—料斗;6—轴承箱;7—联轴器;
8—减速器;9—传动系统;10—电动机;11—螺旋搅拌输送器;12—减速器;
13—电动机;14—联轴器。

炮泥机电气原理如图 4-2 所示。电气件见表 4-1。

表 4-1 炮泥机电气件表

序号	代号	名称	型号	数量	附注
1	HL、EL1、EL2	指示灯	AD11-25/40	3	1红2绿,AC220 V
2	SB1-6	按钮	LAY1(ϕ30 mm)	6	红、绿、黄各2
3		接线座2	JH	1	

续上表

序号	代号	名称	型号	数量	附注
4	FU1	开关	DZ15-40	1	
5	KM1-4	接触器	CJ10-10	4	
6		接线座1		1	
7	FU2	熔断器	RT14-20	2	板式

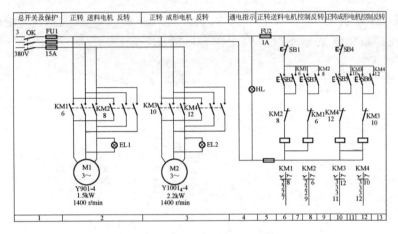

图 4-2 炮泥机电气原理图

2. 主要技术性能参数

炮泥生产效率：600～900 个/h

料斗搅拌量：20 kg

炮泥直径：35、40 mm

炮泥长度：200 mm

电机功率：两台电机，分别为 1.5 kW 与 2.2 kW

成形螺旋直径：115 mm

土∶砂∶水 =（70～80）∶（8～10）∶（12～20）

整机重量：310 kg

外形尺寸（长×宽×高）：1 350 mm×590 mm×1 293 mm（运输时）；1 700 mm×590 mm×1 293 mm（工作时）

3. 使用方法

炮泥机使用方法主要是炮泥原料的准备、炮泥机操作方法和人员分配等。

炮泥原料的准备：炮泥中的主要成分是"泥"，以选用黏土为宜。炮泥另一成分是细砂。无论是黏土（或普通的土）还是砂，其中如掺杂小碎石块时，应过筛为好，过筛的筛孔尺寸为 5 mm×5 mm 左右，不得有 1 mm×1 mm×1 cm 以上的石块投入料斗中，以防止小碎块卡叶片或成形器中的转动螺旋发生故障；加工炮泥的前一天，应把已筛好的泥（土）、砂和水按重量配比人工拌和好，这样第二天制作成的炮泥比临时拌和的柔韧性更好。

炮泥机操作方法：开机前，在料斗中加入已预拌和的泥砂料约 20 kg，反向启动搅拌电动机，将泥料拌和均匀后，按下停止按钮；按下卧式螺旋输送成形器的电机正转按钮，使卧式螺旋输送器正转，再按下立式搅拌电机正转按钮，拌好的泥砂料即可输送至卧式螺旋输送成形器中送，在转动螺旋的推压下，泥料边向前输送边挤压密实，最后在卧式螺旋输送成形器端头源源不断地挤压出来；成形器端头有切刀，成形炮泥挤出到一定的长度（约 200 mm）后立即快速操纵切刀，切断炮泥。如炮泥容易断裂，则是由于炮泥中含砂量偏高，应调整配比，即增加黏土含量。

所需操作人员：炮泥机结构简单，操作方便，操作人员可多可少，一般 1~4 人均可。如 4 人操作时可连续加工制作，达到最高生产效率，1 人以约每分钟一铲（2~3 kg）的速度不间断地上料，使料斗中基本保持一定量的泥料；1 人操作按钮开操纵切刀，按所需长度切下炮泥；2 人将切断的炮泥装箱或筐。也可 1 人操作：先上料约 20 kg 后反向启动搅拌电机搅拌，待搅拌均匀后正向启动成形器电机和搅拌电机挤出炮泥，边切炮泥边将炮泥推到接料台的斜板上堆放，等堆放到一定数量时，停机装箱，然后再上料，开机按步操作。

4. 维修与保养

炮泥机正常工作须具备必要的环境条件与电源条件。

环境条件:环境温度为5~40 ℃;相对湿度为30%~90%;大气压力为86~106 kPa。此外对工作场地的要求是,除炮泥机所占场地外,还应能满足泥土和砂的堆放以及砂的过筛、泥料预拌和、成形炮泥堆放等场地,以15 m² 左右的场地为益。

电源条件:电源电压(380±19)V;电源频率(50±5)Hz;电源容量不低于5 kVA。

炮泥机经常出现的三种故障和采取的相应维修方法介绍如下:

(1)成形器挤不出炮泥。成形器端头内的拌料失水后干结而堵死是成形器挤不出炮泥的主要原因。排除及预防的方法是:卸下成形器端头,将内部的拌料清除干净,用水清洗成形器内表面,重新安装好即可。采用保湿及经常使机器运转可预防拌料干结。

(2)料斗口不下拌料。其原因是在较长时间内未使用,拌料干结堵塞下料口造成下料不畅。排除及预防的方法是:加入少量水后使拌料湿润,反转立式搅拌输送器或用木棒捅通后再加入较稀的拌料搅拌,向下挤压,或反转卧式螺旋输送成形器将其内部的拌料倒退返回料斗。

(3)指示灯亮而电机不转。其原因是接触器损坏或接线柱与连线松脱。排除及预防的方法是:检查接触器,有损坏现象立即更换。检查连线接头有无松动、脱落的现象,如有问题立即排除。注意避免机器的超负荷运转。

为使炮泥机正常运转,对其的保养十分必要,具体应从以下五方面着手:

炮泥机经常使用时,每天用完只需在料斗的底部加入适量的水,以免因水分蒸发而使拌料结块,从而在启动机器时妨碍螺旋转动,造成电机过载或机器的过度磨损。同时,在成形器端头出口处也应糊上稀泥,以免第二天因内部的拌料失水而挤压不出炮泥来。如果端头出口的泥土已干结,应卸下端头清理干净后再装土。

如要长时间停止生产炮泥,应拆下成形器端头清理干净,将料斗和卧式螺旋输送成形器内的剩余拌料全部挤压出来,并用清水冲洗干净,内部抹机油以防锈蚀,最后装好成形端头。

机器运转时,如电机、减速器发热过高(电机50 ℃,减速器70 ℃)时,应立即停机,寻找故障原因,如料斗中泥过多、过黏等。排除对电机、减速器的不利因素后,应等发热的电机、减速器表面温度下降后,再进行运转。拌料时听到有大块石头撞击料斗声时,应及时停机,捡出石块后再继续运转。

蜗轮减速器在运转前应注入 N680 润滑油至油标中心点上。首次使用 24 h 后,需要更换润滑油,以后 500~1 000 h 更换一次。

在第一次接通电源时,应重载试运转。要求开启"正转"按钮时,立式搅拌输送系统的叶片俯视时为顺时针方向转动,卧式螺旋输送成形器驱动电机应为顺时针方向转动(从皮带轮端看)。否则应改换接线位置,将转向调整过来。

此外,应备一些炮泥机易损件。易损件见表 4-2。

表 4-2　炮泥机易损件表

序	代号	名称	数量	材料	所属装配部件
1		切刀钢丝	1	0.5~1 mm	01-00-00
2	03-00-03	毛毡密封垫	2	羊毛	03-00-00
3	GB 11544—89	V 型三角带 A900	2	橡胶	00-00-00
4	B1104-66-00-22	联轴器弹性块	1	橡胶	08-00-00
5	TL5	弹性套	8	橡胶	09-00-00

第二节　封　口　机

在第二章应用试验中已提到,"隧道掘进水压爆破"在应用试验阶段,水袋是采取人工灌水,人工封口。人工封口虽不是重体力劳动,但用细绳绑扎,工作久了手指吃不消。不但如此,人工封口不牢固容易漏水、渗水,而且水袋不挺拔、绑扎速度又慢。

在中铁西南科学研究院的帮助下,"自动灌水、自动封口"的封口机没花一分钱就被一个塑料加工小作坊研制成功了。

为了更好使用封口机,本节介绍封口机工作原理、使用方法等。

一、工作原理与操作方法

PSJ-1 型自动灌水、自动封口机,简称"封口机",其工作原理极其简单,采用高压泵式容积法计量方式进行灌装,由凸轮机构完成水袋自动热合封口,灌装容量手动调节。

封口机在开动之前,要进行定量调节:打开机器后门,松开泵连杆端头螺母,调节移位蝶形螺母即可通过调节泵连杆滑块左右位置得到所需灌装容量。顺时针减少,逆时针增大。调整好后拧紧端头螺母,以防松动移位,影响灌装容量,损坏调整杆。

封口机定量调节好了之后,其具体操作是:打开电源,指示灯亮,调节温控调节器到适当封口温度开始预热(切记人手不能接触封口头)。当温度调节器由绿灯变为红灯时,即达到所调封口温度(初始温度应设定为 130 ℃为宜,再逐步调节升高)。在开始灌注封口前,把主令开关拨上,等机器运转两次,使计量泵内吸满水,将空气排出后,把主令开关拨下,塑料袋由人工用双手拇指和食指夹住套在出料管口上,按起动开关,即完成自动灌注和封口。

封口机工作简图如图 4-3 所示。

2. 主要技术参数

生产效率:700 只/h

灌装数量范围:50~250 g/袋

灌装精度:±2%

电源:AC200 V 50 Hz

整机功率:0.85 kW

机器重量:100 kg

外形尺寸(长×宽×高):850 mm×370 mm×1 000 mm

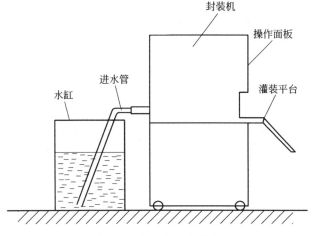

图 4-3 封口机工作简图

3. 故障及其原因

封口机常出现三种故障,现将这三种故障出现的原因介绍如下。

故障之一:供水不足或时小时大。这是由以下五种原因造成的:连杆螺母松动;进水或排水单向阀内有异物;进水管中有空气或密封不良;曲柄滑块凸垫没有压紧;水桶中水位过高。

故障之二:封口漏水渗水。这可能是由以下三种原因造成的:温控调节损坏;上封头和下封座耐高温胶布损坏;电热线断开。

故障之三:间歇不停。造成的原因可能是下侧倒盖板调整行程开关损坏或变位。

4. 维修与保护

定期检查各运动部分和润滑状况,并随时加足润滑油。

应定期更换热封口处耐高温胶布。

发现异常情况时应立即断电源,排除后方可重新使用。

当设备停止使用时,应及时擦拭干净,保持封口机干燥整洁。

5. 应具备的工具和材料

为保障封口机正常使用,应具备一定的工具和材料,见表4-3。

表 4-3 应备的工具和材料表

序号	名称	规格	序号	名称	规格
1	呆扳手	19×22	4	加热管	500 W、220 V
2	内六角扳手	6、8、10	5	Y形密封环	ϕ110
3	耐高温胶布		6	硅胶板	2×35×350

第三节 工 具

由炮泥机和封口机分别加工制作好的"炮泥"和"水袋",如何盛装运输到掌子面前,使爆破工"保质保量"地装入炮眼中,是十分重要的。

所谓"保质",就是加工好的炮泥完整不断裂地回填堵塞在炮眼的上部;加工好的水袋不漏水、不渗水地装入炮眼底部和上半部。

所谓"保量",每一循环所需一定数量的炮泥和水袋应备齐。

为保障"保质保量",盛装炮泥和水袋需要一定的箱子。

为了保障炮泥回填堵塞质量,需要一定规格和材料的炮棍。

通过"隧道掘进水压爆破"应用试验和推广试点所总结的经验,现将比较理想的箱子和炮棍介绍如下。

一、盛装炮泥水袋的箱子

在"隧道掘进水压爆破"应用试验和推广过程中,对盛装炮泥、水袋曾用过的箱子有炸药箱、木箱、钢筋焊接箱和塑料箱。

经过使用比较,最后选择了像炸药箱一样大小类似装啤酒的塑料制品箱。这种材质的箱子轻便、不易变形、又牢固,是盛装炮泥、水袋比较理想的一种箱子。

盛装炮泥、水袋和运输炮泥、水袋应注意以下几条事项:

1. 边加工制作边装箱

无论是炮泥还是水袋,应将加工好的炮泥或水袋直接装在箱中,不要堆放一起再装箱。这样可以避免多一道工序,人为把炮泥弄断;也可以避免堆放在一起挤压水袋造成漏水或渗水。

2. 注意放置方法

加工好的炮泥,要水平放入箱中,这样搬动运输时炮泥不会断裂。

加工好的水袋,要垂直放入箱中,避免水平放入时挤压漏水或渗水。

3. 不应以人力扛箱子上台车

一箱炮泥或水袋有几十公斤重,扛在肩上一手扶着箱子,另一手拉着梯子上台车,稍不注意箱子就会失稳,炮泥或水袋就从箱子中滚出掉在地上摔烂。为避免出现这种现象和避免这种笨重劳动,对于隧道无轨出渣时,应使用装渣机把装有炮泥和水袋的箱子送到台车的上层和中层位置;对于隧道运渣有轨运输,应采用滑轮绳索把箱子吊运到台车的上、中层位置。

4. 切忌水淋炮泥

如隧道漏水,或打完炮眼冲眼时冲出的水,切忌淋在炮泥上。因为炮泥被水淋后变湿、变软,往炮眼回填堵塞用炮棍捣固时不容易捣固坚实,影响堵塞质量和爆破效果。

5. 切忌抛掷传递炮泥和水袋

无论是炮泥还是水袋,应从箱中取出直接装填在炮眼中。如经人传递,切忌抛掷。

二、炮　　棍

对于"隧道掘进水压爆破",用炮泥回填堵塞,要边回填炮泥边捣固坚实,所以需要一定材质和一定规格的炮棍。经实践比较理想的炮棍应是木质的,其规格为直径 30 mm、长度 1.5 m 左右即可。

第五章 工　　法

为了更好地推广"节能环保工程爆破",必须使施工人员了解与掌握"节能环保工程爆破"施工方法和施工工艺。为此,我们于2003年撰写了"节能环保工程爆破"工法,并于2004年被评选为国家级二级工法,即省部级工法；又于2005年被评选为国家级一级工法,即国家级工法。

2004年7月,"节能环保工程爆破"被评审批准为《建设部2004年科技成果推广项目》之后,我们重点进行了"隧道掘进节能环保爆破"的推广试点。在推广试点过程中施工人员希望有一个"隧道掘进节能环保爆破"工法,与"节能环保工程爆破"工法相比,更有针对性。于是我们对"节能环保工程爆破"工法中有关"隧道掘进节能环保爆破"部分,根据推广试点所取得的成绩和经验,进行了补充、细化、优化,撰写了"隧道掘进节能环保水压爆破"工法。

下面分两节介绍上述两个工法。

第一节　节能环保工程爆破工法

一、前　　言

工程爆破,爆破岩石范围最广和爆破石方数量最多的当属露天石方开挖爆破(简称露天爆破)和地下掘进、库洞开挖爆破(简称地下爆破)。露天爆破主要是采取风枪打眼浅孔爆破和钻机钻眼深孔爆破法,而硐室爆破仅限于前苏联和我国,但受环境、地质地形的限制以及它固有的缺欠,例如爆破后岩石块度大、不均匀、清方困难,爆后边坡不稳定,污染环境等,因此国内修建高速公路、建设水电、核电站等,设计文件明文规定不允许实施硐室爆破,其应用范围受到制约,应用前景不被看好,生命力不强。鉴于此,所称谓的"露天爆破"泛指浅孔与深孔爆破。地下爆破主要是隧道(洞)、巷道掘井爆破和地下库洞开挖爆破。综上所述,本工法所指的工程爆破,其内涵为"露天爆破"和"地下爆破"。无论是露天还是地下爆破,以往炮眼"怕水",所以施工时炮眼有水必须排除干净,否则要使用防水炸药,此外地下爆破,除煤矿外,其炮眼采取无回填堵塞或仅用炸药箱纸壳卷成卷塞入炮眼口,简称隧道掘进常规爆破;露天爆破作业,其炮眼用土或岩屑回填堵塞,简称露天常规爆破。而工程水压爆破是"爱水"的,要往炮眼中一定位置注入一定的水,并用专用设备制作的"炮泥"代替土或岩屑回填堵塞。对于炮眼这种装药结构的工程爆破,称为"工程水压爆破"。

以往工程爆破,其炮眼一怕有水,二是人们还没考虑到利用水作"文章"。而工程水压爆破相对工程爆破的突破点就在于往炮眼中一定位置注入一定量的水并用专用设备制作的炮泥回填堵塞,借以达到提高炸药能量利用率和保护爆破区域环境的目的。有这种作用和意义的工程水压爆破,实属"节能环保"工程爆破。

该项技术分两个省部级科技项目进行研究的,其一为"露天石方深孔水压爆破",其二为"隧道掘进和露天开挖水压爆破",分别于1997年和2002年通过了省部级鉴定,鉴定认为"在国内外首次提出的'露天石方深孔水压爆破技术',并在实践中取得了良好的爆破效果,具有创新性和实用性,为国际先进水平";"'隧道掘进和城市露天开挖水压爆破技术'实现了浅孔爆破的工艺技术创新,具有国内领先,国际先进水平"。

在研究与广泛应用该项技术的基础上,经分析总结形成本工法。

二、工法特点

往炮眼一定位置注入一定量的水并用专用设备制作的炮泥回填堵塞,这种新型的工程水压爆破与以往常规工程爆破相比,可以提高炸药能量利用率、提高施工效率、提高经济效益和保护环境,这是对常规工程爆破最显著的突破点、创新点,也是本工法最主要的特点。

本工法的关键技术或称技术要点,包括以下三项内容:
1. 炮眼注水工艺;
2. 炮泥成分及制作工艺;
3. 炮眼中水袋长与炮泥回填堵塞长的最佳比例。

三、适用范围

本工法适用范围为铁路、公路、水电、矿山等建设中所进行的露天爆破开挖和隧道(洞)、巷道以及库房等掘进开挖。对于城镇石方控制爆破,采用本工法除了节省炸药、加快施工进度等之外,还能确保车辆、行人、设施等安全和环境不被污染。

四、施工工艺

1. 原理

对于工程爆破,无论地下还是露天爆破,其炮眼围岩破碎是由炸药爆炸产生的应力波和爆炸气体膨胀共同作用的结果。工程水压爆破与以往隧道爆破掘进炮眼无回填堵塞和露天爆破开挖炮眼仅用土回填堵塞相比,能充分发挥应力波和膨胀气体对岩石的破碎作用,其原理是:炮眼无回填堵塞,炸药爆炸在炮眼中传播的击波因压缩空气而削弱,而由击波传递到围岩中的应力波相应也削弱,由于无堵塞,即无阻挡,膨胀气体很迅速地从炮眼口冲出,削弱了膨胀气体进一步破碎岩石的作用。炮眼用土回填堵塞,土比较松散,也是可压缩的,只不过与空气相比压缩性小,但击波能量也受损失,也会削弱应力波对围岩的破碎,此外用土回填虽能对爆炸气体冲击炮眼口有一定的抑制作用,但会产生大量灰尘污染环境。工程水压爆破,由于炮眼中有水,在水中传播的击波对水不可压缩,爆炸能量无损失地经过水传递到炮眼围岩中,这种无能量损失的应力波十分有利于岩石破碎;水在爆炸气体膨胀作用下产生的"水楔"效应也有利于岩石进一步破碎;炮眼有水还可以起到雾化降尘作用,这是由于炮泥比土坚实,密度大,还含有一定水,加之水与炮泥复合堵塞要比单一的土对抑制膨胀气体冲出炮眼口好得多,因此大大降低灰尘对环境的污染。

2. 施工工艺

工程水压爆破与以往常规工程爆破相比,施工工艺上的主要区别是以下两方面:

(1)炮眼注水工艺

往炮眼注水的工艺是,先把水装入塑料袋中,然后把装满水的塑料袋(称为水袋)填入炮眼所设计的位置中,即药卷与炮泥之间。塑料袋为常用的聚乙烯塑料制成,袋厚为 0.8 mm,浅孔爆破、隧道爆破掘进水袋直径 35~40 mm,长 200 mm;深孔爆破水袋直径比钻眼直径小 2 mm,水袋长 500 mm。

(2)炮泥制作工艺

炮泥由土、砂和水三种成分组成,三种成分的重量比例,土∶砂∶水为 0.75∶0.1∶0.15。

炮泥制作是使用近年来研制成功的 PNJ-1 型炮泥机,重 310 kg,外形尺寸 1 362 mm×590 mm×1 293 mm,每小时可制作长 200 mm、直径 35~40 mm 的泡泥 500 多个。

深孔水压爆破,其炮泥成分及其比例同浅孔爆破一样,制作炮泥可仿照蜂窝煤制作方法,只不过不要"蜂窝",即小圆柱孔。

工程水压爆破施工程序(或称工艺流程)类似以往常规工程爆破〔见本工法执笔人撰写的"深孔松动控制爆破工法"(国家级工法)〕,所不同的是前者炮眼增加装水袋和炮泥回填堵塞两道工序,详见图 5-1 和图 5-2。

3. 爆破设计

工程水压爆破与常规工程爆破相比,在爆破设计上增加的内容仅是炸药、水袋和炮泥在炮眼中的位置及长度比例的设计与计算。

工程水压爆破炮眼装药结构如图 5-3 所示,L_1 为炸药长,L_2 为水袋长,L_3 为炮泥长,与炮眼深 L 的关系式:

$$L = L_1 + L_2 + L_3$$

式中,L_1 为常规工程爆破 85% 以下的装药量计算而得,L_2/L_3 本工法从略。

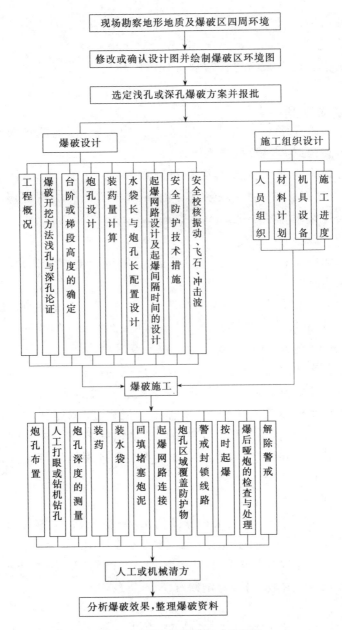

图 5-1 露天水压爆破工艺流程

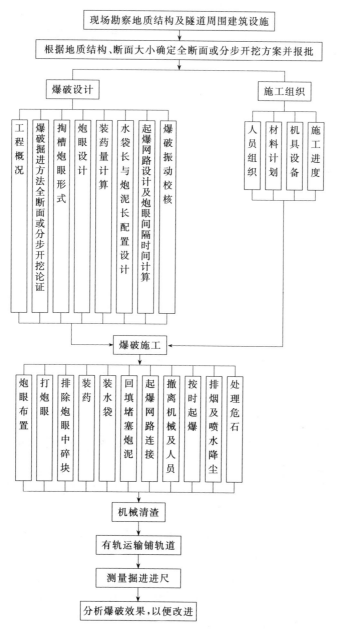

图 5-2 隧道掘进水压爆破工艺流程

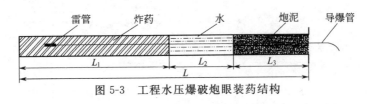

图 5-3 工程水压爆破炮眼装药结构

4. 施工组织

工程爆破中的隧道(巷道)爆破掘进,是根据开挖断面大小与长度、施工工期、现有的机械设备等而确定施工组织,即全断面一次爆破还是分步爆破开挖。工程爆破中的露天爆破施工组织,是根据开挖深度、工程量和环境等确定是浅孔还是深孔爆破开挖。之后,进一步确定是台阶还是梯段爆破法。一般情况,台阶爆破法适合浅孔,梯段(分层)爆破法适合深孔。工程水压爆破施工组织就是在上述基础上,增加组织炮泥和水袋的制作,最好当天制作当天使用。炸药、炮泥和水袋应同时运到掌子面或爆破工点。

5. 作业要点

(1) 炮泥制作要点

选取炮泥的主要成分土和砂,应以纯黏土和细砂为好,在与水搅合前,如有小石块应拣出,如小石块过多,应过筛,筛眼尺寸为 5 mm×5 mm 左右。

炮泥应按照前面述及的比例制作,砂如过多,炮泥成形较差,容易破裂;水要适中,过少起不到粘合和降尘作用,过多则炮泥软,堵塞不严实。

制作好的炮泥不要暴晒在太阳下和放置时间不宜过长,以免失水变硬,最好在使用前 1~2 h 制作好。

合格的炮泥,表面光滑,用手略微使劲一捏可以变形,这样的炮泥回填堵塞才能密实和避免产生灰尘。

(2) 水袋制作要点

为了便于往炮眼装水袋,对于地下爆破一般为水平炮眼,其水袋长为 200 mm,水袋直径小于炮眼直径 3 mm 左右,而对于露天爆破一般为垂直炮眼,水袋直径比炮眼直径小 2 mm 左右。一句话,只要能把水袋装入炮眼,尽可能使水袋直径大一点,使水袋与炮眼壁密合不留空隙。

对于水袋的塑料袋厚度,经实际使用应为 0.8 mm 左右,过薄承载力小又容易划破,过厚影响爆炸的氧平衡,易产生有害气体。

合格的水袋不漏水、不渗水、挺拔、不会划破,与炮眼壁密合不留空隙。

(3)严格控制炮眼中水袋长与炮泥长的比例

理论研究与实际应用证明,炮眼中炮泥过长虽有利于抑制膨胀气体的作用,但不能充分发挥应力波的作用,反之,炮泥过短,虽有利于应力波的作用,但不能充分发挥其抑制膨胀气体的作用,而且出现"冲炮"产生飞石。鉴于此,炮眼中水袋长与炮泥长应处于最佳比例。

五、机械设备和劳动组织

无论隧道爆破掘进还是露天爆破开挖,其机械设备和劳动组织,工程水压爆破与以往常规工程爆破基本相同,所不同的是前者需增加炮泥机、封口机和炮泥、水袋加工人员。隧道全断面(60 m^2 左右)爆破掘进,一天两个钻爆循环时,需炮泥机 1 台,操作工人 2 人工作 2～3 小时即可;水袋加工,2 人工作 6 h 即可。往炮眼中填入水袋和炮泥回填堵塞,仍由钻爆工承担,无须增加人力。露天浅孔水压爆破,根据每天(只限白天)爆破方量多少确定炮泥机数量和劳力,如每天爆破 800 m^3,眼深 2 m,计打眼 400 个左右,只需 1 台炮泥机,2 人操作 4～5 h;水袋加工,2 人工作 8 h 即可保障供应。露天深孔水压爆破使用的炮泥,目前还没有专用设备,人工制作需 2 人;由于水袋长,相对隧道和浅孔水压爆破数量少,利用水车在工点就近加工制作,方便且时间短,由爆破工承担,也无须增加人力。

六、质量标准

1. 炮眼利用率 97% 以上,露天爆破无石坎。

2. 爆后岩石破碎均匀,隧道爆破岩石粒径比常规爆破缩小25％,露天浅孔水压爆破大于 80 cm 的石块比常规爆破下降 45％以上,露天深孔水压爆破无须"改炮"。

3. 隧道爆破爆堆抛散距离比常规隧道爆破缩短 21％,露天水压爆破岩石原地松动破碎。

4. 粉尘含量,隧道爆破掘进降低 42.5％,露天水压爆破降低 92％。

5. 爆破振动速度降低 21％。

6. 露天爆破无飞石、无噪声(指城市允许噪声标准以下)。

七、安全措施

工程水压爆破除按本工法执笔人撰写的"深孔松动控制爆破工法"和"电气化铁路既有线扩堑石方控制爆破安全快速施工工法"(1999—2000 年度国家级工法)中的安全措施进行施工外,针对本工法的特点,为确保安全施工,还需增加以下两点安全措施。

1. 严格控制炮眼中炮泥长度

为了避免炮眼发生"冲炮",炮眼中炮泥的长度绝对不能过短。露天开挖水压爆破,为杜绝个别飞石的出现,其炮泥堵塞长度必须大于炮眼中水袋长度。露天开挖水压爆破相对隧道水压爆破控制飞石要严格的多,但后者为了缩短钻眼台车和有关机具设备撤离掌子面的距离(与常规隧道爆破相比,可缩短 20％),炮眼中水袋长与炮泥长之比可以小于 1。

2. 杜绝水袋出水

工程爆破常使用 2 号岩石硝铵炸药,遇水拒爆。为了避免出现这种现象,水袋不能漏水、渗水,更不能被划破。如出现这种现象,应按常规工程爆破的方法处理哑炮。

八、经济效益分析

露天爆破,其中浅孔水压爆破,节省炸药和装车费(岩石爆破破碎,装车效率高)为 22％以上,深孔水压爆破,节省爆破费用 24％以上。

隧道掘进水压爆破,节省炸药费 19% 以上,节省人工费、机械费 9%。我国铁路隧道近几年以 200 km 速度增长(据新华社 2002 年 10 月 22 日电,记者朱沼德),如按渝怀铁路歌乐山隧道采用水压爆破每延米可节省 170 元的保守数字计算,仅铁路隧道爆破掘进每年增加 200 km 可以节省 3 400 万元;如按歌乐山隧道采取水压爆破掘进 740.1 m 可节省 20 个钻爆循环,那么增建 200 km 隧道可节省 5 400 个循环,大大加快了施工进度。

九、工程实例

节能环保工程水压爆破在隧道爆破掘进、露天浅孔与深孔爆破的应用实例如下。

实例 1:隧道掘进水压爆破

在渝(重庆)怀(化)铁路歌乐山隧道进行水压爆破实际应用之前,施工单位是采取炮眼无回填堵塞爆破方法(简称常规爆破法),楔形掏槽光爆全断面开挖,掘进炮眼深 3.8 m,其爆破效果是:每循环进尺多数为 3.3 m,少数为 3.5 m,炮眼利用率为 86.2%;每立方岩石用药量 1.25 kg;爆堆长度 27.9 m;岩石破碎不均匀有大块;爆破后粉尘浓度平均为 16 mg/m³。

在歌乐山隧道出口实际应用水压爆破的基本条件是,其炮眼参数(炮眼数量、炮眼深度)与常规爆破一样,仅对每个炮眼减少了一卷炸药,此外对炮眼装填了水袋和用炮泥回填堵塞。从 2002 年 6 月至隧道贯通始终实施了水压爆破,累计共进行了 200 个循环,每个循环平均进尺 3.7 m,炮眼利用率 97.4%;每立方米岩石用药量 1.04 kg;爆后岩石均匀无大块;爆堆抛散距离缩短了 6 m;爆破后粉尘浓度 6.8 mg/m³,与常规爆破相比粉尘浓度降低了 42.5%。

实例 2:露天开挖浅孔水压爆破

重庆闹市区校场口轻轨工程中的基坑爆破开挖,自开工至 2005 年 5 月底,采取常规露天浅孔爆破,即用岩屑回填堵塞炮眼。常规浅孔爆破台阶高度为 2 m,垂直打眼深 2.2 m,炮眼排距 1 m,眼距 1.2 m,每个炮眼装药量 0.6 kg。爆破后岩石块径大于

80cm 的占爆破后方量的 30%～45%，机械挖装较慢；经测试，爆破后粉尘浓度为 8.5 mg/m³，振速为 1.1 cm/s。

自 6 月初实施的浅孔水压爆破与常规浅孔爆破相比，炮眼参数和起爆方法等一样，所不同的是：每个炮眼减少了 15% 的装药量，炮眼中部装入水袋，最后用炮泥回填堵塞，从 6 月初至基坑爆破开挖完，采取浅孔水压爆破岩石 9.5 万 m³，其爆破效果与常规爆破相比有明显的提高和改善：爆后岩石块径在 80 cm 左右的下降了 15%～25%，机械挖装速度明显的加快。经测试，粉尘浓度下降到 0.67 mg/m³，降低了 92%；振速为 0.91 cm/s，降低了 19%。爆破时无飞石、无噪声（低于城市允许的噪声标准）。

实例 3：露天深孔水压爆破

在北京密云铁矿所进行的钻眼直径为 250 mm 的露天深孔水压爆破与其矿山常规深孔爆破（仅用岩屑回填堵塞炮眼）实际应用对比包括以下四项内容：

深孔水压爆破体积不耦合装药结构与常规深孔爆破对比，其炮眼参数见表 5-1；

体积与孔径不偶合装药结构对比，其炮眼参数见表 5-2 和表 5-3；

一次起爆多排孔径不耦合装药结构与常规爆破对比，其炮眼参数见表 5-2；

一次起爆多排体积不耦合装药结构与常规深孔对比，其炮眼参数见表 5-3，其一次起爆 45 个炮眼（水压爆破 12 个）分布见图 5-4。

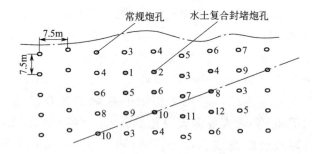

图 5-4 多排炮眼水土复合封堵分布

表 5-1 体积不耦合装药结构

爆破时间	试验内容	爆区名称	梯段高度 (m)	孔数 (个)	单孔药量 (kg)	单耗 (kg/m³)	不耦合系数 K_1	炸药种类	充水方式	填塞长度 (m)
1995年7月16日	体积不耦合装药结构	常1		43	600	0.892	1.00	乳化	—	6
		水1	12.5	3	540	0.803	1.19	乳化	积存水柱	5
		水2		3	510	0.758	1.28	乳化	积存水柱	5
1995年7月20日	装药量为常规爆破的70%、80%	常2		35	660,360	0.948,0.521	1.00	乳化、铵油	—	6.7
		水3	12.5	5	540,285	0.771,0.407	1.36	乳化、铵油	积存水柱	5
		水4		8	480,255	0.685,0.364	1.58	乳化、铵油	外加水柱	5
1995年8月3日	装药量为常规爆破的80%、75%	常3		41	600	0.892	1.00	乳化	—	6
		水5	12.0	2	480	0.714	1.36	乳化	外加水柱	5
		水6		3	450	0.670	1.46	乳化	外加水柱	5

注:①孔径均为250 mm,孔网参数为14 m×14 m,均为梅花布孔排间微差起爆网路;地质条件均为片麻岩混杂磁铁石英岩;
②表格中的两种数据分别对应于乳化炸药和铵油炸药,其余均为乳化炸药;
③K_1=(孔深-堵塞长度)/装药长度。

表 5-2 体积与孔径不耦合装药结构

爆破时间	试验内容	爆区名称	孔数（个）	单孔药量（kg）	单耗（kg/m³）	不耦合系数 K_1,K_2	炸药种类	充水方式	堵塞长度（m）
1995年8月10日	体积与孔径不耦合装药结构	常4	42	600,400	0.857,0.571	$K_1=1.00$	乳化,铵油	—	6
		水7	3	480	0.686	$K_1=1.36$	乳化	外加水柱	5
		水8	3	315	0.450	$K_2=1.25$	铵油	外加空隙	5
1995年8月13日		常5	36	600,400	0.857,0.571	$K_1=1.00$	乳化,铵油	—	6
		水9	3	480	0.686	$K_1=1.36$	乳化	外加水柱	5
		水10	3	315	0.450	$K_2=1.25$	铵油	外加空隙	5
1995年8月28日	多排孔孔径不耦合装药结构	常6	36	600,400	0.857,0.571	$K_1=1.00$	乳化,铵油	—	4
		水11	9	315	0.450	$K_2=1.25$	铵油	外加空隙	5

注：①应用试验的孔径均为 250 mm，孔网参数为 14 m×4 m，均匀梅花布孔排间微差起爆网络，地质条件均为片麻岩混杂磁铁石英岩；
②表格中的两种数据分别对应于乳化炸药和铵油炸药；
③K_1＝（孔深－堵塞长度）/装药长度；
④试验梯段高度均为 12.5 m；
⑤K_1,K_2 分别为采取体积不耦合和孔径不耦合装药结构时的不耦合系数。

表 5-3 多排炮孔体积不偶合装药结构

爆破时间	试验内容	爆区名称	梯段高度(m)	孔数(个)	单孔药量(kg)	单耗(kg/m³)	不偶合系数 K_1,K_2	炸药种类	充水方式	堵塞长度(m)	起爆网路
1995年8月30日	体积孔径与不耦合装药结构	常7	12.5	40	600,400	0.853,0.568	$K_1=1.00$	乳化,铵油	—	6	方形布孔
		水12		11	480	0.683	$K_1=1.36$	乳化	外加水柱	5	斜1起爆
		水13		3	315	0.448	$K_2=1.25$	铵油	外加空隙	5	
1995年9月15日	多排炮孔体积不耦合装药结构	常8	10.0	36	480,320	0.853,0.569	$K_1=1.00$	乳化,铵油	—	6	方形布孔
		水14		12	385	0.684	$K_1=1.45$	乳化	外加水柱	5	斜2起爆
1995年9月19日		常9	12.0	29	600,400	0.889,0.593	$K_1=1.00$	乳化,铵油	—	6	方形布孔
		水15		12	480	0.711	$K_1=1.36$	乳化	外加水柱	5	斜2起爆
1995年9月30日		常10	10.0	33	480,320	0.853,0.569	$K_1=1.00$	乳化,铵油	—	6	方形布孔
		常16		12	385	0.684	$K_1=1.45$	乳化	外加水柱	5	斜2起爆

注：试验炮孔孔径为 250 mm，孔网参数为 7.5 m×7.5 m；地质条件为片麻岩混杂磁铁石英岩。

上述四种实际应用的对比结果是：

在达到常规深孔爆破同样效果时，深孔水压爆破可节省炸药20%～25%；

深孔水压爆破炮眼体积与孔径不耦合装药结构对比，爆破效果无差异；

深孔水压爆破一次起爆多排炮眼与常规深孔爆破效果一样；

深孔水压爆破与常规深孔爆破相比，减小了振动和减弱了爆破后冲效应，保护了矿山边帮的稳定；

深孔水压爆破与常规深孔爆破相比，爆破后粉尘大大减少。

第二节　隧道掘进节能环保爆破工法

"隧道掘进节能环保爆破工法"与"节能环保工程爆破工法"中有关隧道掘进水压爆破部分相比，补充、细化和优化的内容有三个方面：

炮眼底部加装水袋；

封口机代替人工对水袋进行自动灌水、自动封口，大大加快了水袋制作速度；

光爆眼实施了水压爆破。

"隧道掘进节能环保爆破工法"与"节能环保工程爆破工法"中有关隧道掘进水压爆破部分相比，与其说是内容的补充、细化和优化，倒不如说"隧道掘进节能环保爆破工法"更显示出隧道掘进水压爆破所具有的"三提高一保护"作用。

"隧道掘进节能环保爆破工法"介绍如下。

一、前　言

自20世纪60年代以来，隧道（洞）钻爆技术不断发展进步，有质的变化飞跃发展，应属湿式风枪代替干式风枪打眼、塑料导爆管非电起爆代替传统的火爆和电爆以及目前开发研究成功并用于实践的"隧道掘进节能环保爆破"。

湿式代替干式风枪打眼、非电起爆代替火爆和电爆、节能环保水压爆破等,为什么称其隧道钻爆技术发展质的飞跃呢?

湿式风枪代替干式风枪打眼,可以说彻底地改变了打眼作业环境,使钻爆工免受粉尘的侵害,远离了矽肺病,拯救了钻爆工的生命。

非电起爆代替火爆和电爆,杜绝了因火爆和电爆存在的固有缺欠而造成人员伤亡事故。

2002年研究开发并成功应用实践的"隧道掘进节能环保爆破"与目前全国普遍采取的炮眼无回填堵或光爆眼用作药箱纸壳浸水堵塞炮眼口的爆破(简称常规爆破)相比,显著地提高了作药能量利用率、提高了施工效率、提高了经济效益、保护了施工人员身体健康。该项新技术完合符合我国可持续发展的战略方针。

"隧道掘进节能环保爆破"与常规爆破相比,根本不同的是往炮眼中一定位置注入一定量的水并用专用设备制成的"炮泥"回填堵塞炮眼。

"隧道掘进节能环保爆破"于2002年12月18日通过了省部级鉴定,鉴定认为"该项技术具有国内领先、国际先进水平"。

"隧道掘进节能环保爆破"于2004年7月,被建设部评审批准为《建设部2004年科技成果推广项目》,列为被批准的85项之首。

2004年12月至2005年4月,分别于宜万铁路马鹿箐隧道、金沙江溪洛渡水电站大河湾公路隧道、宜万铁路齐岳山隧道和台金高速公路苍岭隧道等,进行了推广试点,取得了显著成效。

2005年8月,该项技术被评为《华夏建设科学技术奖》。

2005年9月,在黔桂铁路定水坝隧道开始面向全国推广。

该项技术,现今已在技术、设备、施工组织与施工方法等方面总结出了面向全国普遍推广的经验。在此基础上形成了"隧道掘进节能环保爆破工法"。

二、工法特点

"隧道掘进节能环保爆破"与隧道掘进常规爆破相比,最大的区别或称最显著的特点是往炮眼中一定位置注入一定量的水并用专用设备制成的"炮泥"回填堵塞,从而达到提高炸药能量利用率、提高施工效率,提高经济效益和保护作业人员身体健康的目的与作用。此外,往炮眼中注水,即水袋,还有炮泥的制作已实现了机械化加工,不但保证了制作质量,而且省工、省力、省时,易学易操作,一般施工人员皆能胜任,十分有利于普及推广,这是本工法又一特点。

本工法的关键技术或称技术要点,归纳为以下五项内容:

1. 往炮眼中一定位置注入一定量的水。

"一定位置"是指炮眼底部与炮眼中上部。"一定量的水"是指水袋的直径与长度。

2. 注水长度与炮泥回填堵塞长度的最佳比例。
3. 炮眼底注水长度与直径。
4. 注水工艺,即水袋制作工艺。
5. 炮泥制作工艺。

三、适用范围

本工法适用范围为铁路、公路、矿山和水电等建设的隧道(洞)、地下巷道库洞和导流洞的爆破掘进。此外,本工法也适用于露天石方爆破开挖的浅孔与深孔爆破,尤其对城镇石方控制爆破采用本工法不但确保环境安全,而且确保环境不被污染,堪称"绿色"爆破。

四、施工工艺

1. 技术原理

隧道爆破掘进,其炮眼围岩破碎是由作药爆炸产生的应力波和爆炸气体膨胀共同作用的结果。"隧道掘进节能环保水压爆破"与目前全国普遍采取的隧道爆破掘进炮眼无回填堵塞以及以前炮眼采取土回填堵塞相比,显著地提高了炸药能量利回率,即炸药爆炸产生的击波和爆炸气体膨胀强度几手无损失地作用到炮眼围岩,非常有利于围岩的破碎,其原理分析如下。

　　隧道掘进常规爆破即炮眼无回填堵塞,如图 5-5 所示。炸药爆炸在炮眼无回填堵塞部位即空气中传播的击波因压缩空气而损失能量,而由击波传递到围岩中的应力波相应也削弱,所以不利于围岩破碎;由于炮眼无回填堵塞,即无阻挡,爆炸气体膨胀很迅速地冲出炮眼口,削弱了膨胀气体进一步破碎围岩的作用,所以说炮眼无回填堵塞是不科学、不可取的。

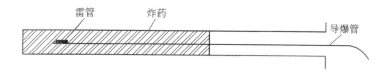

图 5-5　隧道掘进炮眼无回填堵塞

　　隧道爆破掘进炮眼无回填堵塞已有很长的一段历史了,可是在其之前,炮眼是用土回填堵塞的,如图 5-6 所示。炮眼中回填的土比较松散,也是可压缩的,只不过与空气相比压缩性小,但击波能量也会损失的,也会削弱应力波对围岩的破碎;用土回填堵塞虽能对爆炸气体冲出炮眼有一定的抑制作用,但会产生大量灰尘污染环境。

图 5-6　炮眼用土回填堵塞

　　隧道掘进节能环保水压爆破,其炮眼装药结构如图 5-7 所示。

　　将图 5-5 中炮眼无回填堵塞部位改为图 5-7 中的用水(水袋)与炮泥回填堵塞。这样在水中传播的击波对水不可压缩,爆炸能

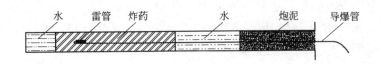

图 5-7 水压爆破炮眼装药结构

量无损失地经过水传递到炮眼围岩中,这种无能量损失的应力波十分有利于围岩破碎;水在炸药爆炸作用下产生的"水楔"效应,有利于进一步破碎围岩;炮眼中有水还可以起到"雾化"降尘的作用。

炮眼底部的水与炮眼中上部的水作用形式不同,前者代替了炸药,而后者代替了"空气"及部分回填土,但达到的目的是一致的,即达到"三提高一保护"的目的。

由于用专用设备制成的"炮泥"回填堵塞炮眼,要比土坚实、密度大、还含有一定水,抑制膨胀气体冲出炮眼要比土好得多,而且使用方便。

应变测试模拟试验和实际爆破效果都证明了炮眼用水——炮泥复合回填堵塞要比用单一的炮泥或水要好。

从图 5-7 与图 5-5 对比可看出,图 5-7 中炮眼底部的水袋取代了图 5-5 中炮底部一部分作药。炮眼底水袋与炮眼中上部水袋相比最大的区别是,炮眼底水袋代替了炮眼底药卷的作用,它必须起到相当药卷的作用,所以不能过长,如过长由于向炮眼底方向传播的击波逐渐变小,而岩石的夹制作用逐渐变大,到了一定位置应力波不足以破碎围岩。炮眼中上部水袋作用则不然,虽向炮眼口方向传播的击波逐渐变小,但岩石的夹制作用也逐渐变小,到了一定位置应力波仍会破碎围岩,所以炮眼中上部水袋要比炮眼底水袋长的多。经实际爆破效果对比,光爆炮眼眼底水袋长可相当于 2 卷药卷长,而内部炮眼由于夹制作用大,其炮眼底水袋长可相当于 1 卷药卷长。

2. 施工工艺

"隧道掘进节能环保爆破"与隧道掘进常规爆破相比,施工工艺主要区别或称增加的工序有以下两项。

(1) 炮眼注水工艺

往炮眼中注水的工艺是，先把水灌入到塑料袋中（称为水袋），然后把水袋填入炮眼的底部与中上部位。

塑料袋为通用的聚乙烯塑料制成的，袋厚为 0.8 mm 左右，对于打眼直径为 40 mm 的炮眼，袋径为 35 mm，袋长 200 mm 左右，塑料袋是由塑料加工厂加工制成的。使用自动灌水、自动封口的"封口机"制作水袋，每小时可加工几百袋。

(2) 炮泥制作工艺

炮泥是由黏土、砂和水三种成分组成，三种成分的重量比例为黏土∶砂∶水是 0.75∶0.1∶0.15。

炮泥的制作是使用"炮泥机"。炮泥加工过程是，首先把黏土、砂和水按照上述比例搅合均匀，待所谓"熟合"后装入炮泥机进料仓中，启动电钮，随后长圆形炮泥从出口徐徐被挤压出来，这时按长 200 mm 左右逐段切割，即为加工好的炮泥。对于打眼直径 40 mm 的炮眼，炮泥直径应为 35 mm。

隧道掘进节能环保水压爆破施工程序或称工艺流程类似隧道掘进常规爆破，所不同的就是增加了上述两道工序。为了监测爆破后粉尘的浓度，还需增加粉尘的测量。

要指出的是，水压爆破排烟与常规爆破相比，可缩短排烟时间或降低排烟功率。

隧道掘进节能环保爆破施工程序或称工艺流程如图 5-2 所示。

3. 爆破设计

隧道掘进节能环保爆破在掏槽形式、炮眼布置、炮眼数量与深度、起爆顺序与时间间隔等设计与隧道掘进常规爆破一模一样，所不同的是隧道掘进节能环保爆破炮眼中增加了水袋和炮泥。

隧道掘进节能环保爆破炮眼装药结构如图 5-8 所示。

图 5-8 中的 L 为炮眼深度，L_1 为炮眼底水袋长，L_2 为炸药

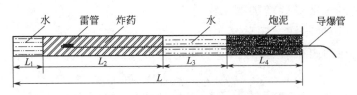

图 5-8 水压爆破炮眼装药结构

长,L_3 为炮眼中上部水袋长,L_4 为炮泥长,其关系式为：

$L=L_1+L_2+L_3+L_4$；

L_1 为 1~2 卷药卷长；

L_2 为常规爆破每个炮眼装药量的 80% 左右的药卷总长；

$L_3/L_4<1$,如 L_3 过短而 L_4 过长,水的作用不大；L_3 过长而 L_4 过短,抑制膨胀气体不大,L_3/L_4 有一个最佳比例。

对于光面水压爆破,其炮眼以装直径 25 mm 的药卷为主,炮眼中上部的水袋长度相对其他炮眼适当加长了。

4. 施工组织

隧道掘进常规爆破,是根据隧道开挖断面大小与长度、地质结构、施工工期、技术设备能力等而确定施工组织,即隧道开挖是根据进出口齐头并进还是增设平导、是全断面一次开挖还是分步开挖以及每循环钻爆进尺、是有轨运输还是无轨运输等等,与此相应地组织人力和机械设备。隧道掘进节能环保爆破施工组织就是建立在隧道掘进常规爆破施工组织的基础上增加组织炮泥和水袋的制作、增加往炮眼中装填水袋和用炮泥回填堵塞炮眼的工作。

炮泥和水袋的制作,各需要 2 名普工。往炮眼装填水袋和用炮泥回填堵塞炮眼,无须增加劳力,仍由钻爆工操作。

5. 作业要点

(1)炮泥制作要点

炮泥的主要成分土和砂以选取黏土和细砂为宜。在与水搅和之前,如有石块必须拣出,如小石块过多,应过筛,其筛眼尺寸为 5 mm×5 mm 左右为好。

炮泥应按照一定的比例制作。如砂过多,炮泥成形较差;过少则炮泥比重小。水要适中,过少起不到粘合及降尘作用,过多炮泥软,不易捣固坚实。

合格的炮泥,表面光滑,用手指轻捏在表面上可留下指痕,这样既含有一定的水又便于捣固。

制作好的炮泥不要暴晒在太阳下或放置时间过长,免得失水变硬,最好在使用前 1～2 h 制作好。

制作好的炮泥以防使用时早已折断,所以要装箱运到掌子面。炮泥箱加工极其简单,用细钢筋焊成筐架,然后把用过的炸药箱套在筐架内,制作好的炮泥放在箱中就可以了。

盛装炮泥也可用塑料筐(箱),它比细钢筋作为筐架的要轻,但在偏僻地点不易购买到。

无论上述哪种筐(箱子),应有提手,以便使用绳子提到台车中上层。

(2) 水袋制作要点

对于隧道爆破,一般为水平炮眼,为便于装填水袋,水袋以长 200 mm、直径 35 mm 为宜。

水袋袋厚,经实际使用,应为 0.8 mm 左右;过薄则承载力小、易变形又容易划破。

水袋要盛满水,封口严实,不漏水、不渗水。合格的水袋坚实挺拔,很方便装填炮眼中。

(3) 水袋炸药炮泥装填要点

从炮眼底到炮眼口依次装填水袋,炸药、水袋和炮泥,其连接一定要紧密。

装填水袋要一袋一袋用炮棍轻轻捅入到炮眼一定位置中。回填堵塞炮泥,除与水袋接触的炮泥之外,其余回填的炮泥要用炮棍捣固坚实。

五、机具设备和劳动组织

"隧道掘进节能环保爆破"与隧道掘进常规爆破相比,仅多了两种设备及其有限的操作工人。

(1)炮泥机

炮泥制作是使用研制成功的 PNJ-1 型炮泥机,是一种普通设备,全机重 310 kg,外形尺寸 1 712 mm×590 mm×1 293 mm。2 个工人操作 1 h 可制作炮泥 600 多个,可满足一个钻爆循环所需的数量。

(2)封口机

往塑料袋灌水及封口,使用了 2004 年研制成功的 gFJ-1 型水袋自动灌封机。它也是普通设备,全机重 100 kg,外形尺寸(长×宽×高)为 850 mm×370 mm×1 000 mm,整机功率 0.85 kW,电源 AC200 V 50 Hz。2 个工人每小时可制作水袋 700 个左右,足够一个钻爆循环使用。

综上所述,劳动组织为每一钻爆循环,需 2 名工人制作炮泥 1 h,2 名工人制作水袋 1 h;往炮眼装填水袋和用炮泥回填堵塞炮眼无须增加人力,仍由钻爆工操作。

六、质量标准

1. 节省炸药 17% 以上。
2. 炮眼利用率达 95% 以上。
3. 岩石破碎度明显提高,边长大于 50 cm 的大块下降 65% 以上。
4. 粉尘浓度降低 70% 左右。
5. 爆破振动速度降低 21% 以上。
6. 爆堆距离缩短 20% 以上。

七、安全措施

本工法除按隧道掘进常规爆破安全措施执行外,针对水压爆破特点,为确保安全,需增加如下安全措施。

1. 防止设备漏电

无论是炮泥机还是灌封机,因炮泥成分中有水,而灌封机是装水设备,水更多,所以要防止因水出现的漏电现象,所以在开机前要用仪表检查是否漏电,以便采取相应措施。

2. 正确操作炮泥机

炮泥机上料仓中有螺旋搅拌翅,工作时绝对不能用任何工具或棍棒拨弄料仓中的物料,以防出事故;停机后方可用棍棒清除料壁或搅拌翅上的泥土。

3. 严格控制炮泥回填堵塞长度

炮眼如若用水袋代替炮泥回填堵塞,其爆破飞石比炮眼无回填堵塞时飞石还多、还飞得远。这一现象充分说明炮泥不但抑制膨胀气体、有利于岩石进一步破碎,而且还能起到抑制飞石过多过远的作用。为充分发挥这种双重作用,炮泥堵塞长度不能过短,应大于或等于水袋的长度。只有这样,与隧道掘进常规爆破相比才能适当缩短爆破时台车和设备撤离掌子面的距离。

4. 装填到炮眼中的水袋不能漏水渗水

应用试验和推广试点实际爆破表明,炮眼没有因水袋漏水或渗水而出现的哑炮。如在今后因种种原因使水袋漏水或渗水而出现哑炮,应按常规爆破方法处理哑炮。

八、经济效益分析

通过实际应用,隧道掘进水压爆破与常规爆破相比,有极其显著的经济效益,具体表现在节省炸药和提高掘进进尺两方面,经计算,隧道平行导坑掘进(断面 22 m^2)每延米可节省 170 元,隧道掘进(断面 60 m^2)每延米可节省 300 元,公路隧道掘进(断面 80 m^2)每延米可节省 500 元。

九、工程实例

工程实例以大河湾公路隧道为例。

金沙江溪洛渡水电站(中国第二大水电站)对外交通专用公路大河湾隧道,其地质以石灰岩为主,夹薄层砂岩,为 V 类围岩,开挖断面宽为 11.68 m,高为 8.00 m,开挖断面积为 78.82 m^2,隧道全长 3 116 m。

　　大河湾隧道掘进在未进行水压爆破之前，采取常规爆破法掘进，即炮眼无回填堵塞。其炮眼布置为水平楔型掏槽，共计布炮眼 137 个，其中掏槽眼 16 个，光爆眼 43 个，其余为掘进眼，设计掘进进尺 3.8 m。实际爆破效果为单位用药量为 0.722 kg/m³，实际进尺为 3.1 m，炮眼利用率为 82%。

　　大河湾隧道掘进采取水压爆破连续进行了 108 个循环（隧道贯通），累计进尺 396 m。在与常现爆破同样条件下，即炮眼数量、炮眼深度一样，实际爆破效果为单位用药量为 0.585 kg/m³，节省炸药 24%，平均实际进尺为 3.7 m，炮眼利用率为 97%，提前工期 33 天。

附录一　我国隧道掘进钻爆技术发展综述[①]

1　引　言

众所周知,交通建设是国民经济发展的先行官。现今在社会上广泛流传的一句顺口溜——"要想富先修路"。这两句话都有力地说明了交通建设尤其是"路"的建设在国民经济发展中起到了举足轻重的作用。现今对公路(高速公路)与铁路建设,我国"十一五"规划中已有了蓝图。无论修建公路还是修建铁路,尤其在我国西南、东南沿海崇山峻岭地区,桥隧占的比重比较大,是重点难点工程,是控制工期工程,例如现今正在修建的宜(昌)万(州)铁路,隧道累计长度占全线总长的50%以上,还有襄(樊)渝(重庆)铁路二线(复线)建设,开挖隧道工程占全线工程比重也很大……

修建公路、铁路,兴建水利电力工程,矿山开采国防建设……无论是隧道还是隧洞开挖,无论是巷道还是坑道开挖,目前基本是采取钻爆方法,所以提高钻爆技术对加快修路非常重要。不过要说明的是,隧道(洞)开挖除了钻爆方法,还可以使用"掘进机"开挖(TBM),我国已进行了尝试,但就目前情况分析,不会有很大的发展,其原因是运输困难、费用高,并不比钻爆方法施工优越;在国外,究竟采取掘进机开挖好还是钻爆方法好,看法意见也

[①]　本书绝大部分内容涉及到隧道爆破掘进。为了说明隧道掘进水压爆破研究开发的重要性,很有必要对我国隧道掘进钻爆技术的发展作出综述,以唤起从事隧道施工的领导、科技干部和施工队伍尽早尽快地推广"隧道掘进水压爆破",以便获取极其显著的经济与社会效益。为此在本书最后附加这篇文章。该文也是介绍隧道掘进水压爆破技术的浓缩。

很不一致。

　　自20世纪60年代以来至今,我国在隧道(洞、巷道、坑道)开挖中采取钻爆方法不断变化、不断发展和不断进步,表现在湿式钻眼代替了干式钻眼;使用了钻孔台车机械化钻眼;塑料导爆管非电起爆代替了传统的火爆、电爆;使用了乳化炸药提高了防水作用;成功地研究开发了节能环保爆破技术——隧道掘进水压爆破……

　　在上述诸变化、发展和进步中,对隧道掘进钻爆技术起到质的飞跃即产生极其显著的经济与社会效益的,我们认为当属"湿式钻眼代替干式钻眼"、"导爆管非电起爆代替火爆与电爆"和"隧道掘进水压爆破代替了炮眼无回填堵塞爆破"。至于使用钻孔台车和乳化炸药不列入钻爆技术质的飞跃,其原因是,钻孔台车虽然进行机械化钻眼,但多为进口机械,价格高,使用不经济,只有少数工程,例如国防建设坑道开挖使用了钻孔台车,尤其最近几年,隧道爆破掘进多为民营单位施工,他们宁愿少花钱雇用廉价的劳力,使用简易台车(4轮架子车)人工打眼,也不愿花大钱购买昂贵的钻孔台车,他们这样做已满足施工的需要;乳化炸药虽然抗水性能强,但施工单位仅对有水的炮眼,例如底眼才使用乳化炸药,其余无水炮眼还是使用普通的2号岩石炸药,即便乳化炸药完全代替了2号岩石炸药,它与2号岩石炸药相比,对隧道掘进钻爆技术来讲,并没带来显著的经济与社会效益。

　　下面仅就隧道掘进钻爆技术三次重大质的飞跃产生的背景及其所带来的经济与社会效益分析如下。

2　湿式钻眼代替干式钻眼

　　隧道掘进钻爆技术有三次重大的质的飞跃,或称上了三个台阶,或称三个里程碑。

　　从产生的时间上,第一个台阶当属湿式钻眼代替了干式钻眼,这一由"干式"变为"湿式"钻眼,避免了隧道掘进钻爆工作人员矽肺病的困扰,拯救了施工人员的生命,保护了施工人员身体健康,所以说"湿式钻眼"具有极其显著的社会效益。

现今当你步入正在施工的隧道,映入眼帘的是"三管两路"。所谓"两路",即照明与动力线路,另一路为出渣轨道,所谓"三管",即高压风管、通风管和水管。20世纪60年代之前,施工的隧道只有"两管两路",即没有水管。由于无水管,风枪打眼称为"干式钻眼"。参与干式钻眼的钻爆工进入隧道之前,张三李四还分得清,待钻眼爆破完了走出隧道之后,张三李四就分不出来了。因钻眼时产生的粉尘把人们从脸上到脚下覆盖得满满的、厚厚的,张开嘴只有牙是白的,吐的痰、流的鼻涕全是灰黑色的。这只是表面现象,还不要紧,可怕的是粉尘已被吸入到肺里,久而久之,钻爆工很容易得矽肺病,轻者呼吸困难,影响健康,重者因呼吸窒息而死亡。

"柳暗花明又一村"。20世纪60年代出现了湿式钻眼,代替了干式钻眼,彻底解决了因干式钻眼而引发的矽肺病的困扰。

所谓"湿式钻眼",就是在隧道所穿过的山上筑一个蓄水池,然后用钢管把水引到隧道掌子面前,这种作用的钢管称为"水管",再用胶皮管把水管中的水引到风枪上,水通过中空的钢钎注入到钻头上,钻头两侧有出水孔,这样边打眼水边流入炮眼底,粉尘再也不会从炮眼中冒出来,而从炮眼中流出的仅是含有粉尘的所谓"泥浆"。湿式钻眼与干式钻眼相比,钻爆工需要穿雨衣,以防从风枪中漏出的水,尤其是冲刷炮眼时冲出的泥浆把身体淋湿。

湿式钻眼看起来比较简单,正因为简单才被人们接受,才被人们推广,才彻底解决了矽肺病的困扰。但让我们感到遗憾的是,经多方查阅有关资料和向隧道界人士打听,直到如今还不知道湿式钻眼具体是上个世纪60年代哪一年出现的,是在哪座隧道开始试用的,是由谁或哪个单位研究开发的。不管怎样,我们都应向研究开发湿式钻眼的无名英雄致敬,深深地感谢他(们)对隧道掘进钻爆技术的发展作出的重要贡献,深深地感谢他(们)为彻底解决矽肺病的困扰、保护钻爆工的身体健康做了一件大好事。

3　导爆管非电起爆代替火爆与电爆

隧道爆破掘进起爆炮眼中的雷管,其发展历程首先是火爆,然后为电爆,现今绝大多数采取塑料导爆管非电起爆。

火爆由于本身起爆器材固有缺陷,不能实现微差爆破,所以爆破后岩石破碎不均匀,极易出现大块。为解决这一问题,于是出现了电爆。火爆与电爆相比,前者易学易会,可操作性强,便于普遍推广,但人工点炮紧张容易出现漏点,另外火爆容易出现哑炮,处理漏点和哑炮时由于种种原因造成的伤亡事故屡见不鲜。电爆解决了火爆所存在的问题,但电爆因受各种电与杂散电流的影响如处理不当,极易出现早爆,此外电爆网路设计与铺设,需要有一定技术能力的人才能胜任,所以普遍推广电爆还存在着一定的困难,也因此电爆出现之后,火爆并没有退出舞台,可以说20世纪80年代初之前,火爆与电爆在隧道爆破掘进使用中并驾齐驱。可是到了80年代,除有瓦斯的隧道,我国隧道破掘进几乎清一色采用塑料导爆管非电起爆,彻底解决了火爆与电爆所存在的问题,在避免火爆与电爆所造成伤亡事故方面作出了贡献,所以说导爆管非电起爆代替火爆与电爆,促使了隧道掘进钻爆技术再次上了一个台阶。

导爆管非电起爆在我国哪年,在哪座隧道开始试用的以及试用情况如何,介绍如下。

本书第一作者何广沂于1979年得知瑞典人研究开发的塑料导爆管非电起爆系统已被国人引入到国内,于是与当时生产厂家辽宁红光电器厂联系,经原铁道兵司令部批准决定,于1979年11月底派攻关组到东北大兴安岭塔(河)十(八站)铁路永安隧道进行试用并总结经验以便在铁道兵部队全面推广。

铁道兵导爆管非电起爆攻关组由铁道兵科研所何广沂、吴国才,还有承担隧道施工的铁道兵第3师科技科张承悦副科长和该师13团付小邰副团长,另外还邀请了红光电器厂的技术科的李工和钱工参加。攻关组经对永安隧道爆破开挖的了解和准备导爆管起爆器材,并拟定了试用计划,于1980年3月在永安隧道开始试用。永安隧道全长1 244 m,采取上下导坑爆破开挖方法使用火爆已开挖了435 m,剩余的809 m全部采取非电起爆,于1981年贯通。上导坑为弧形导坑,布眼38个,导爆管非电起爆弧导光爆网路如图附1所示,下导坑为梯形导坑,布眼26个,非电起爆网路如图附2所示,均为并并联起爆网络,开始试用时并联使用生产厂家生产的连接块,虽连接块当时只有0.2元,但并联导爆管的根数少,满足不了实际需要,经研究用电工胶布代替了连接块,效果相当好。

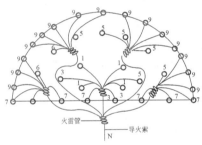

图附1　弧导光爆并并联网路　　图附2　下导坑并并联网路

部队经过11个月实际使用导爆管非电起爆,认为使用这种新型起爆系统,点炮时不会出现紧张心情,而且爆破效果大为改善,岩石破碎均匀了,大块率大大下降了,光爆质量极大提高,更为重要的是哑炮少多了,即使出现哑炮,也不会像处理火爆那样会出现伤亡事故。有的战士感慨地说:"我们再也不会使用火爆了,我们的安全得到了可靠的保障。"

铁道兵领导对试用导爆管非电起爆非常关心、非常重视,当试用刚取得成效时,于1980年5月令攻关组到北京汇报,我们给领导与机关干部作了表演汇报,刘居英副司令、尚志功参谋长接见了攻关组,给予很大的鼓励与鞭策,并决定立即派电影摄制组和记者前往现场录制采访,当年铁道兵第一部彩色电影教学片——《非电起爆》即问世了,《解放军画报》也刊登了导爆管非电起爆应用照片。1981年铁道兵部队全面推广了导爆管非电起爆。

本书第一作者何广沂与攻关组的张承悦有幸于1980年6月在武汉召开的全路控制爆破大会宣读了导爆管非电起爆试用报告,与会者十分感兴趣和关注。转年5月18日何广沂撰写成的《塑料导爆管起爆系统在隧道和露天爆破中的应用》,于1982年1月刊登在中国力学学会主办的《爆炸与冲击》上。

据我们所知,武汉控制爆破会议之后,衡广铁路大瑶山隧道、天津引滦入津输水洞爆破开挖很快使用了导爆管非电起爆。随即导爆管非电起爆已在全国普遍推广。

从1980年开始在隧道爆破掘进试用导爆管非电起爆到如今已过去了20多年,最近几年由于研究开发隧道掘进水压爆破,我们又有机会进入隧道掌子面,当看到导爆管非电起爆并并联网路的旧"面孔"又呈现在眼前时,我们由衷地兴奋,为导爆管非电起爆攻关组实现人生价值感到十分骄傲。

4 隧道掘进水压爆破代替了炮眼无回填堵塞爆破

如果说隧道掘进钻爆技术中的湿式钻眼代替干式钻眼、导爆管非电起爆代替火爆与电爆产生了极其显著的社会效益,那么最近几年研究开发的"隧道掘进水压爆破"代替原来炮眼无回填堵塞爆破,不但具有一定的社会效益,而且还具有极其显著的经济效益,促使了隧道掘进钻爆技术的发展上了又一个大台阶。

下面将分别介绍为什么要开发研究"隧道掘进水压爆破"以及本项技术研究与应用概况。

4.1 研究开发"隧道掘进水压爆破"的必要性和重要性

目前我国隧道爆破掘进的现状是,几乎所有的隧道爆破掘进的炮眼采取无回填堵塞,或仅用炸药箱纸壳卷成卷塞入光爆眼口上。而我们研究开发的"隧道掘进水压爆破"其创新点是："往炮眼中一定位置注入一定量的水,并用专用设备制成的'炮泥'回填堵塞炮眼"。这一创新在国内外首次提出,并成功应用于实践,很好地解决了隧道爆破掘进存在多年已久的未能充分利用炸药能量这一难题,经专家鉴定,该项技术为国内领先,国际先进。

该项技术不同于以往隧道炮眼分布、炮眼参数选择与计算和起爆技术等方面的研究,如果说这样的研究仅是促使隧道掘进钻爆技术"标"的变化与发展,那么"隧道掘进水压爆破"的研究就是促使隧道掘进钻爆技术"本"的升华与飞跃,促使隧道掘进钻爆技术发展到了一个崭新阶段,上了一个新台阶。

经最近几年研究开发的"隧道掘出水压爆破",经实际应用证明了与以往炮眼无回填堵塞爆破相比,具有显著的"四提高一保护"的作用,即提高了炸药能量利用率、提高了施工效率、提高了光爆质量、提高了经济效益和保护环境,实属"节能环保"爆破,完全符合我国可持续发展战略方针,有广阔美好的应用前景。

研究开发的"隧道掘进水压爆破"历经了理论研究、应用试验、推广试点和普遍推广等四个阶段,前三个阶段已完成,现今着力于面向普遍推广。下面扼要介绍上述四个阶段的基本概况。

4.2 理论研究

隧道掌子面上炮眼围岩破碎的基本理论是,由于炮眼中炸药爆炸结果在炮眼围岩产生传递应力波,于是产生经向压应力和切向拉应力,当切向拉应力超过了岩石的抗拉强度,岩石便产生裂隙而破碎;由于炸药爆炸还产生了大量气体,气体的膨胀进一步加强了岩石的破碎。隧道推进水压爆破由于炮眼中一定位置有一定量的水并用炮泥回填堵塞,与炮眼无回堵塞堵塞相比,最能有效地利用应力波和膨胀气体的作用破碎岩石,此外由于炮眼中有水还会产生"水楔"和"水雾化"作用,不但有利于岩石破碎,还会起到降尘作用。这一理论分析,由模拟应变测试的结果得到了进一步的证实。分别对炮眼仅用水回填堵塞(1号装药结构),炮眼仅用土回填堵塞（2号装药结构）和炮眼用水-土复合回填堵塞（3号装药结构）进行模拟应变测试。其测试结果是，炮眼不同装药结构的切向拉应变（岩石破碎主要作用）大小依次是3号＞2号＞1号，不言而喻，炮眼无回填堵塞效果会更差。模拟应变测试的结果与理论分析是一致的，有力地证明隧道掘进水压爆破最有利于岩石破碎。

关于"隧道掘进水压爆破"理论分析和模拟应变测试，已在本书中有详细叙述，在此不重述了。

4.3 应用试验

于2002年6月，隧道掘进水压爆破应用试验选在了由中铁十一局集团正在施工的渝（重庆）怀（化）铁路歌乐山隧道。该隧道爆破掘进2002年6月之前是采取全断面开挖，进行的是炮眼无回填堵塞爆破（称常规爆破）。2002年6月开始至当年年底隧道贯通，累计共进行了了200个循环，全部进行了水压爆破。水压爆破是在与常规爆破炮眼数量、炮眼深度和起爆顺序与间隔等一样的前提下进行的，所不同的是减少了炮眼装药量，并对常规爆破无回填堵塞部位先注入了一定长度的水，最后用炮泥全部回填堵塞，其装药结构见图附3，爆破效果对比见表附1。

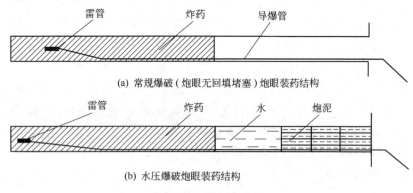

图附3 炮眼装药结构

表附1 炮眼两种不同装药结构爆破效果对比表

爆破种类	设计掘进深度(m)	实际进尺(m)	炮眼利用率(%)	实际单位用药量(kg/m³)	节省炸药百分比(%)	爆堆长(m)	粉尘浓度(mg/m³)
炮眼无回填堵塞(常规爆破)	3.8	3.36	86.2	1.247		27.9	16
水压爆破	3.8	3.7	97.4	1.041	19.1	21.7	6.8

应用试验阶段,解决的关键技术有三:一是采用专用设备炮泥机加工制作"炮泥";二是注水长度与炮眼回填堵塞长度之比应为0.75~1.0;三是炮眼注水是采取人工加工"水袋"的方法。

"隧道掘进水压爆破"于2002年12月18日通过了由重庆市科委组织的专家鉴定,鉴定认为该项技术水平为国内领先、国际先进。

4.4 推广试点

该项技术鉴定过后并没有束之高阁,又继续进一步研究,研制成功了自动灌水、自动封口的水袋"封口机";对炮眼装药结构在应用试验的基础上在炮眼底也填入了水袋,如图附4所示。

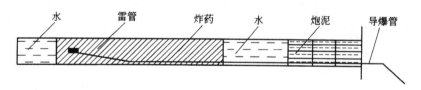

图附4 炮眼装药结构

炮眼底部水袋与炮眼中上部水袋相比,虽然作用形式不同,但达到的目的是一致的。

所谓作用形式不同是指炮眼底部水袋代替炮眼底部药卷的作用,而炮眼中上部水袋是占据了炮眼无回填堵塞的一部分空间。

所谓作用目的一致是指炮眼中上部水袋用以提高炸药能量利用率,而炮眼底部水袋相当于一卷炸药的作用,其作用比炮眼中上部水袋的作用有过之无不及,更进一步提高了炸药能量利用率。

对于该项技术在进一步研究的同时,又考虑到如何广泛推广,于是向建设部申报推广项目。2004年7月该项技术成果被评审批准《建设部2004年科技成果推广项目》,列全国被批准的85项中的第一项。

"推广项目"实质就是为了推广所进行的"示范"或"试点"项目。自2004年12月至2005年5月依次选择了宜(昌)万(州)铁路马鹿箐隧道(断面约60 m^2),溪洛渡水电站对外交通工程大河湾隧道(约80 m^2)、宜万铁路齐岳山隧道(约60 m^2)和台缙高速公路苍岭隧道(约80 m^2)作为推广试点的工点。这四个推广试点所进行的水压爆破炮眼装药结构如图附4所示,是在炮眼数量、炮眼深度等与这四个试点原先的炮眼无回填堵塞的一样的前提下进行爆破效果对比,见表附2~表附5。

表附2 马鹿箐铁路隧道爆破效果对比表

爆破种类	设计掘进深度(m)	实际进尺(m)	炮眼利用率(%)	实际单位用药量(kg/m^3)	节省炸药(%)	大块(50cm)降低率(%)	爆堆缩短率(%)	节省费用(元/m)
常规爆破(炮眼无回填堵塞)	3.8	3.2	84.2	0.95				
水压爆破	3.8	3.5	92.1	0.75	21	65	32	300

表附3 溪洛渡水电站对外交通工程大河湾公路隧道爆破效果对比表

爆破类型	设计掘进深度(m)	实际进尺(m)	炮眼利用率(%)	装药量(kg)	实际单位用药量(kg/m^3)	节省炸药(%)	节省费用(元/m)
常规爆破(炮眼无回填堵塞)	3.8	3.1	82	189	0.772		
水压爆破	3.8	3.7	97	171	0.585	24	500

表附4 齐岳山铁路隧道爆破效果对比表

爆破类型	设计掘进深度（m）	实际进尺(m)	炮眼利用率(%)	装药量（kg）	实际单位用药量（kg/m³）	节省炸药（%）	爆堆缩短率（%）	节省费用（元/m）
常规爆破（炮眼无回填堵塞）	3.2	2.85	82	153	1.07			
水压爆破	3.2	3.2	100	132	0.825	23	24	300

表附5 台缙高速公路巷岭隧道爆破效果对比表

爆破类型	设计掘进深度（m）	实际进尺（m）	炮眼利用率（%）	装药量（kg）	实际单位用药量（kg/m³）	节省炸药（%）	大块（边长大于50 cm）数量（块）
常规爆破（炮眼无回填堵塞）	3.8	3.4	89.5	198.9	0.721		15
水压爆破	3.8	3.7	97.4	175.65	0.585	18.9	7

四个推广试点所取得的成效，充分证明了隧道推进水压爆破比原来隧道掘进炮眼无回填堵塞爆破有显著的经济与社会效益：提高了炸药能量利用率，即节省炸药18.9%～24%；提高了施工效率，每循环提高了0.3～0.6 m的掘进进度；提高了经济效益，铁路隧道每延米可节省300元以上，公路隧道每延米可节省500元以上；应用试验粉尘浓度下降了42.5%，推广试点由于炮眼底部有水袋，粉尘浓度会下降的更多，保护了隧道作业人员的身体健康。

中铁十一、十五局集团公别于2005年4月7日与9月16日在马鹿箐与齐岳山隧道召开了"全面推广隧道掘进水压爆破的现场会"，并制订了推广规定。

"隧道掘进水压爆破技术"2005年被评为"华夏建设科学技术奖"，2006年又被建设部推荐申报"2006年度国家科学进步奖"。

4.5 普遍推广

普遍推广"隧道掘进水压爆破"是研究开发的宗旨。四个推广试点过后,相继在温(州)福(州)铁路青岙上隧道、襄渝复线中铁十一局、二十局和二十五局集团分别承担的三座隧道以及黔桂铁路定水坝隧道等广泛推广了水压爆破。在普遍推广的过程中又研究了隧道掘进光爆眼水压爆破。要说明的是无论应用试验还是推广试点阶段,仅对光爆炮眼以外的炮眼采取了水压爆破,而光爆眼仍按原先装药结构进行。

隧道掘进原先光面爆破的炮眼采取空气间隔装药、导爆索起爆药卷、纸卷堵塞在炮眼口,费用高,光爆面凹凸不平。

隧道掘进光面水压爆破炮眼采取小药卷(25mm)连续装药、用雷管起爆药卷,炮眼底部和中上部装水袋并用炮泥回填堵塞。

仅以定水坝隧道为例,图附5所示为常规(原先)光面爆破与水压光面爆破炮眼装药结构,其爆破材料用量对比列于表附6。

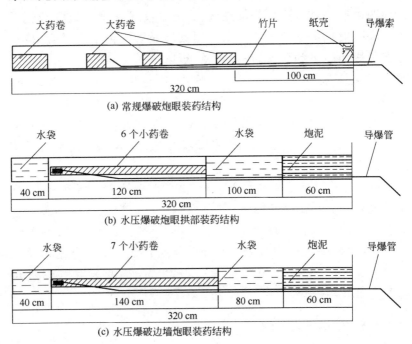

附图5　炮眼装药结构

表附6 爆破材料用量对比表

爆破方法	每循环炸药用量(kg)	每循环毫秒雷管(个)	每循环导爆索(m)	每循环爆破材料费(元)
常规光面爆破	17.85	8	150	470
光面水压爆破	26.88	35	0	290

隧道掘进光面水压爆破不但节省爆破材料费,而且提高了光爆质量,更重要的是,由于光爆炮眼水袋多而从"四面八方"喷洒水雾,所以降尘效果比炮眼底有水袋还好,经实测粉尘浓度下降了67%。所以说隧道掘进水压爆破与炮眼无回填爆破相比,具有显著的"四提高一保护"的作用,即提高了炸药能量利用率、提高了施工效率、提高了光爆质量、提高了经济效益和保护了作业人员身体健康。

以隧道掘进水压爆破为主要内容而撰写的"节能环保工程水压爆破工法",被评为2004~2005年度国家级工法,现今已从技术、设备、施工组织与方法等方面为面向全国广泛推广提供了成熟的经验。

结束语:撰写本文的初衷,是想唤起从事隧道施工的领导、科技人员和施工队伍的重视,尽早尽快推广"隧道掘进水压爆破",以便获取显著的经济与社会效益。据说,"日光灯"从发明到广泛使用历经了一百年,我们痴心预测广泛推广"隧道推进水压爆破"不需要这么漫长的时间了,因为现在是信息时代,人们有很强的科学意识。"一万年太久,只争朝夕"。广泛推广"隧道掘进水压爆破"的曙光就在明天。

附录二　工程爆破节能环保水压爆破新技术在中国诞生推广

《中国铁道建筑报》2012年7月21日第一版刊登了通讯《工程爆破节能环保水压爆破新技术在中国诞生推广——记全国著名工程爆破技术专家、退休老教授何广沂》(作者:付涧梅),全文抄录如下:

编者按:"企业是科技创新的主体,科技创新也是企业的生命力之源。"在"十二五"规划承上启下的重要一年,作为世界500强之一的中国铁建,为保持充满活力、持续向上的发展态势,在解决巨大的科技需求方面,为广大科技工作者施展才华提供了前所未有的广阔舞台。

"海阔凭鱼跃,天高任鸟飞。"在这个广阔舞台上有青年科技工作者同台竞技的风姿,也总会闪现出老一辈科技工作者孜孜以求的身影。他们虽已离职多年,却仍然默默耕耘在科技战场上,不辞劳苦,潜心钻研,竭尽全力发挥着自己的光和热,以期为企业发展增砖添瓦,全国著名爆破专家、退休老教授何广沂就是其中之一。

人生经纬几度秋,笑看夕阳别样红。

从华北大地到西南边陲,从东北林海到青藏高原,近400余次的工程爆破声响遍全国20多个省市。

虽然如今,这名成功设计完成数百次工程爆破的老教授已经退休近10年,但是,自1964年大学毕业就致力于工程爆破事业的他凭借着对科研工作的热忱和务实创新的精神,不畏艰难,苦心钻研,目前成功研发的具有节能环保作用的"工程爆破水压爆破技术",荣获中国铁建科技进步一等奖、住房与城乡建设部华夏建设科学技术二等奖,取得该技术发明专利和国家级工法证书,并已收到实践应用的良好效果。

老骥伏枥,志在千里。这,就是全国著名工程爆破技术专家——何广沂教授。

观察入微:"水"与工程爆破结良缘

随着经济的发展,开山修路、拆旧建新等基础工程建设的增多,爆破作为一种科学技术,在工程上的应用无疑是最重要、最常见的。但是当前,国内外工程爆破主要采取的炮眼放炮法,不仅不能充分利用炸药的能量,而且严重污染环境,成为国内外工程爆破领域积存已久的两大顽疾。

如何解决这两大难题?何广沂教授刻苦钻研,历经 20 余年的摸索与实践,终于利用"水"解决了这两大难题。

他怎么会想到水呢?这还得从上个世纪 80 年代说起。

1982 年,何广沂教授参加了兖(州)石(臼所)铁路的修建。在一次冒雨深孔爆破作业中,由于炮眼排水未净,细心的何教授发现,有几块爆破飞石飞出了警戒线以外,并且岩石破碎均匀,粒径也小,这不禁让他心生疑惑:莫非水对工程爆破有着特殊的作用?

对问题最好的答复就是用行动说话。于是,何教授踏上了工程水压爆破技术漫长的探索之路。

上个世纪 80 年代,他便开始利用尚未形成完整体系的水压爆破技术进行工程爆破作业,并在施工中,顺利拆除了许多国防工事、碉堡、人防巷道。

成功的尝试让何教授再一次联想到在平邑采石场深孔爆破炮眼有水的特殊作用,于是,久存于脑海中关于水压爆破技术的想法初具雏形:往炮眼中一定位置注入一定量的水,然后用"炮泥"回填。这样,利用在水中传播的爆炸冲击波对水的不可压缩性,使爆炸能量经过水传递到炮眼围岩中几乎无损失,减少单位岩石的炸药消耗量,减少温室气体及粉尘排放,使岩石破碎。

源于这种想法,何教授大胆地提出了"节能环保工程水压爆破"研究课题,并经过深思熟虑地反复论证,最终通过了"工程爆破节能环保技术"课题批准。

很多人认为他是命运的宠儿,总是能在突发奇想中收获灵感的眷顾,然而一路走来,并非坦途。就像无数人看到苹果落地,但却只有牛顿能产生地心引力的联想一样,幸运之神总是垂青有准备的头脑,成功的机会也总是留给那些有准备的人。实际上,成功者背后所谓的机缘凑巧而形成的创意构想,主要得益于创业者平日培养的敏锐观察力和丰富的实践经验。正因为何教授敏锐的洞察力作"红娘",才让"水"与工程爆破结为良缘,让机会的"偶然",变为了成功的"必然"。

百折不回:毅力与难题相博弈

工程爆破节能环保技术在露天水压爆破试验应用中已初见成效,那么对于地下爆破是否同样适用呢?当该技术的研究进行到隧道掘进水压爆破试验应用时,受阻不小,若不是何教授有着顽强的毅力,恐怕这项新技术的研究就要夭折途中了。

当时,正修建的渝(重庆)怀(化)铁路歌乐山隧道有幸成为"节能环保工程水压爆破"技术最初的应用试验选址,可是由于大量涌水,隧道正常爆破受阻。

"古之成大事者,不惟有超世之才,亦有坚韧不拔之志。"生性刚烈的何广沂教授没有将试验计划就此打住。他转身来到重庆市闹市区校场口轻轨车站基坑开挖现场,进行露天浅眼水压爆破应用试验。很快,"真金不怕火炼"的技术得到了数据的证明:有水炮眼与无水炮眼相比,可节省炸药15%以上。不仅提高了炸药的能量利用率,提高了掘进工效,还提高了经济效益,降低了粉尘,保护了环境,实现了"三提高一保护"的理想效果。

成功的试验让施工人员感慨万千:"原来还不太相信,现在亲眼看到,我信服了,还是隧道掘进水压爆破好啊!"

投石冲开水底天,广厦崛起千万间。

3个月的应用实践伴随着每一次的成功爆破试验而宣告结束,标志着"节能环保工程水压爆破"技术进入推广应用阶段。

但是,对于"节能环保工程水压爆破"技术的研究而言,提高炮眼利用率仅仅是一方面,更重要的还是节能。所谓"节能",就是在达到同样爆破效果的前提下,工程水压爆破要比常规工程爆破炸药能量利用率更高。可是,如何找到理论依据呢?

毕业于中国科学技术大学近代力学系爆炸专业,长期从事爆破理论及应用研究的何广沂教授立马想到的就是模拟试验测爆压。但是施工项目上并没有测爆压的仪器、设备,更没有测爆压的相关专业人员。

幸好,何教授有一位大学同学在一家科研单位工作,可是,在具体商谈中,何教授的希望之光被无情地浇灭了:进行爆压测试工作需要各种科研人员七八名,时间最少一年,科研经费上百万元,研究结果无法确定……

然而,一条道走到黑,不撞南墙不回头的何教授却并没有在这里"卡壳"。反而,迎难而上的他通过冥思苦想,跳出固定思维,果断放弃了测爆压,转而测应变,通过对应变时程曲线和同一测点应变峰值进行观察,同样可以对比炮眼水压爆破与炮眼用土回填的炸药能量利用率。

方法确定后,他就开始四处寻找合作伙伴测应变。费尽周折之后,完成了测应变试验,其结果也顺利通过了相关专家的鉴定。"工程爆破节能环保技术"凭借科学理论站稳了脚跟,真是皆大欢喜。为此,何教授也长长松了一口气。

可是还没来得及庆贺,困难和问题又接踵而至:实际操作困难,阻碍技术推广。因为在起初的试验阶段,往炮眼装填的水袋和炮泥都是施工人员人工制作、封口的。

攻克难题,不可或缺的就是锲而不舍的精神。何教授坚持不懈、东奔西跑,最终也觅得了合作商,共同研制了成本合计不超过一万元的水袋封口机和炮泥机。操作简便的科研成果,让"工程爆破节能环保技术"的推广走进了"保险箱"。

不遗余力:技术推广有奇招

对于应用技术而言,衡量一项新技术生命力的唯一标准就是它是否得到了广泛推广。

为有序、科学地进行推广试点,何教授拟定了详细的推广试点工作大纲,并在2004年初,以"隧道掘进和石方开挖水压爆破应用技术"为题,向建设部申报了"科技成果推广项目",2004年7月7日获得批准,位居通联获批的85项科技成果推广项目之首。

为获得准确、翔实、可靠的数据,年迈的何教授忘记了昼夜的流转,坚持在每个试点隧道跟班作业。

"树高者鸟宿之,德厚者士趋之。"何教授认真负责的作风和不怕苦不怕累的精神感动了作业人员。他们更加积极主动地配合推广试点工作,使试点工作如期顺利完成。

功夫不负有心人。试点的结果令人振奋:在钻眼数量、钻眼深度、掏槽形式等都相同的前提下,隧道掘进水压爆破与以往常规隧道爆破相比,节省炸药20%左右,提高了炸药能量利用率;隧道掘进每循环提高进尺0.3米至0.6米,提高了施工效率;掘进每米节省费用300元至500元,提高了经济效益;同时,粉尘浓度下降67%,有效地控制了有害有毒气体,改善了作业环境,保障了作业人员身体健康。

十一局集团根据马鹿箐铁路隧道和溪洛渡大河湾公路隧道两个推广试点所取得的成效,认为"隧道掘进水压爆破"应在全集团范围普遍推广。于是,集团领导决定于2005年4月7日在马鹿箐隧道召开十一局集团全面推广"隧道掘进水压爆破"技术现场会。与会者在隧道口观看了炮泥、水袋加工制作过程,并进洞在掌子面前观看了往炮眼灌装全过程。爆破后约10分钟,当与会者看到爆堆集中、爆渣破碎并感觉爆破前后空气质量无差异时,大家异口同声地称赞道:"还是水压爆破好!"这一炮,炮眼利用率高达100%,即设计掘进深度3.8米,爆破后实际进尺3.8米。

但是何教授却告诉笔者,在应用试验时,其实根本没想到要往炮眼最底部装水袋。只是随着对水压爆破技术研究的不断深入,善于分析问题的他才考虑到如果往炮眼最底部装水袋,利用在水中反射波和水楔作用,提高炸药能量利用率,进一步破碎围岩。这一想法立即得到了时任十一局集团宜万铁路马鹿菁隧道施工指挥长荆山的赞同与支持,试验爆破效果也好得超乎寻常——炮眼利用率达100%。爆破后还可以看到炮眼最底部处岩石变白,经分析在炮眼最底部水袋还可以起到防岩爆作用。

于是,技术得到进一步的推广。在黔桂铁路定水坝隧道推广水压爆破技术时,何教授与十七局集团黔桂铁路指挥长刘友平、总工刘高飞还共同研发了隧道光面水压爆破技术。与以往常规光面爆破相比,该技术不但光爆质量更好,而且炮眼不需要装导爆线,仅此一项就可为项目节省费用50%以上。

喜迎丰收:硕果累累写华章

把生命的赤诚熔融在工程爆破理论与应用研究的激情里,几十年不懈耕耘,让何广沂教授屡获国家级、省部级科技进步奖,并赢得国家发明专利、国家级优秀工法等认证,其主笔撰写的《节能环保工程爆破》等5部爆破专著、《冲刺》等两部报告文学及数十篇论文均相继发表。

其中,在美国路易斯安那州新奥尔良市召开的第24届炸药与爆破技术年会和第14届炸药与爆破研讨会上,由何教授撰写的"露天石方深孔水压爆破技术"入选论文集。

当翻开《节能环保工程爆破》专著,提到"露天石方深孔水压爆破应用试验"鉴定过程时,何教授情绪激动地回忆起当时技术鉴定时的盛况：

"露天石方深孔水压爆破技术"鉴定在北京铁道建筑研究设计院进行，由铁道部科技司主持鉴定。参加鉴定会的有中国科学院力学所、铁道部科学研究院等10多个单位，鉴定委员12人，其中有2名中国工程院院士、4名中国工程爆破协会副理事长，还有国内知名爆破专家、教授，可谓名家荟萃。

鉴定认为"露天石方深孔水压爆破技术"是国内外首次提出，在实践中取得了良好效果，具有创新性和实用性，达到国际先进水平，具有显著的经济效益和社会效益，可以推广应用。

中国工程院汪旭光院士等4人在撰写《国际工程爆破技术发展现状——第24届炸药与爆破技术年会和第14届炸药与爆破研讨会》一文时也提到：何广沂"露天石方深孔水压爆破技术"的研究，使爆破技术在深度和广度上得到进一步发展，为爆破技术在实际生产和建设中得到更好的应用提供了理论基础和实践经验。

随着"露天石方深孔水压爆破技术"、"隧道掘进和城市露天开挖水压爆破技术"等技术都相继得到相关部门的认可，何教授也萌生了"著书立说"的念头，以推广技术应用。

2007年，何教授主笔撰写的《节能环保工程爆破》一书出版了，基于其在工程爆破方面的突出贡献，该书出版得到了铁路科技图书出版基金资助。

当笔者祝贺何教授取得累累硕果时，他却不以为然，而是饶有兴趣地谈起技术推广热潮。

2011年5月12日，"节能环保工程水压爆破"技术推广交流会在江西婺源召开。中国铁建副总裁夏国斌和工程科技部门负责人，还有各个集团的总工程师以及爆破专业人员，共计120余人参会。

与会者中不少人是第一次目睹隧道掘进水压爆破情景与爆破效果。炮响8分钟后他们就进洞了（以前30～40分钟后才可以进洞），洞内已经烟消云散，像未爆破一样。大家走到掌子面看到爆破的岩石十分破碎均匀而渣堆又集中,抬头看到光爆半眼痕历历在目后无比惊讶,不约而同地说:"水压爆破还真是好!"

夏国斌在交流会总结讲话时高兴地说:"见到隧道掘进水压爆破效果这么好,真是开了眼界、长了见识,根据我们中铁建一年完成隧道掘进的数量,按今天我们见到的隧道掘进水压爆破效果,可以省几个亿……"据统计,2011年我国生产工程炸药逾400万吨,如全部采取水压爆破,保守计算可节省炸药超过40万吨,其经济效益是何等之大呀!

现场会过后,2011年5月16日,中国铁建又发出《关于做好隧道掘进水压爆破技术推广工作的通知》。中国铁建系统掀起了推广隧道掘进水压爆破技术的热潮,各个集团纷纷行动起来,有的还召开集团推广现场会。

面对好评,何广沂教授显得非常冷静。"希望节能环保水压爆破技术能在不断的深入推广中给企业带来更大的经济效益和良好的社会效益。当然,更希望这项技术在墙内开花'内外'香。"何教授充满希冀地说道。他梦想着这项技术走向世界,让历经二十余载风雨验证的新技术在推广中找到应有的价值定位。

一、2011 年 4 月 12 日,在中铁十一局承建的石壁岭隧道(地处江西婺源)召开中国铁建工程爆破技术交流会(以推广隧道掘进水压爆破为主题)

交流会主席台

石壁岭隧道洞内介绍水压爆破效果

参会者观看炮泥加工制作

会议期间,股份公司领导与有关人员合影
(从左至右:张璠琦、夏国斌、周劲松、田国强、何广沂、赵晋华)

二、2011年11月7日,在中铁十四局承建的铺子山隧道,召开业主、监理及各施工企业50家单位专家领导参加的隧道掘进水压爆破、光面爆破施工标准化建设观摩会。会后紧接着又召开中铁十四局集团推广隧道掘进水压爆破现场会

铺子山隧道观摩会会场

参会者洞内观看爆破效果

推广水压爆破主要技术人员在铺子山隧道斜井口合影
（从左至右：吴天生、陈祥平、吴大华、张万国、
何广沂、马均刚、涂俊柱、刘兴华、刘友奉）

三、2011年11月26日，在中铁二十一局承建的弹音1号隧道，召开全局集团有关领导和工程技术人员参加的推广隧道掘进水压爆破现场会

交流会会场

弹音 1 号隧道

加工制作的水袋非常符合规定要求,得到称赞
(从左至右:袁静、王增虎、王亮、卫永毅、何广沂)

四、2012年7月29日,在中铁十七局承建的茅坪山隧道,召开由业主、监理及施工企业等三十余家单位参加的推广隧道掘进水压爆破现场会;7月31日,召开中铁十七局集团隧道掘进水压爆破现场观摩交流会

交流会会场

参会者合影

水袋制作演示
(第二排从左至右:聂武丁、张建波、何广沂)

水压爆破岩石破碎、渣堆集中、粉尘浓度大大下降

五、2012年10月底,中国中铁五局开始在赣龙铁路GL-5标推广隧道掘进水压爆破

观看加工水袋

项目负责人与何广沂专家合影
(从左至右:陈赓、马进宝、何广沂、刘冬雯)

六、2013年6月21日，中铁十局集团在云桂铁路大格山隧道召开推广隧道掘进水压爆破现场会

观看水压爆破电视专题片

现场介绍推广水压爆破

七、2013年7月1日，中铁十三局集团在沪昆客专捧古隧道召开推广隧道掘进水压爆破现场会

参会者合影

（前排右七为何广沂，右八为中铁十三局副总经理纪尊众）

八、2013年11月29日，宝兰客专业主召开全线施工单位推广隧道掘进水压爆破现场会

介绍水压爆破推广效果

观看炮泥加工

九、露天深孔水压爆破已在山东、山西等多地、多个工点广泛推广应用

何广沂(右一)在莱芜钢铁公司二期工程现场指导施工人员往炮眼中放入水袋

代县铁矿大型露天开采深孔水压爆破施工现场